神雕谜踪

赵序茅◎著

中国少年儿童新闻出版总社
中国少年儿童出版社
北 京

图书在版编目（CIP）数据

神雕谜踪/ 赵序茅著. —北京：中国少年儿童出版社, 2016.6（2022.2重印）
（探秘大自然丛书）
ISBN 978-7-5148-3270-9

Ⅰ.①神… Ⅱ.①赵… Ⅲ.①鹰科-儿童读物 Ⅳ.①Q959.7-49

中国版本图书馆CIP数据核字（2016）第145772号

SHENDIAO MIZONG
（探秘大自然丛书）

出版发行：中国少年儿童新闻出版总社 中国少年儿童出版社
出 版 人：李学谦
执行出版人：赵恒峰

策划、主编：李晓平 著：赵序茅
责任编辑：李晓平 装帧设计：朱国兴
责任印务：刘 潋

社 址：北京市朝阳区建国门外大街丙12号 邮政编码：100022
总 编 室：010-57526070 编 辑 部：010-57526854
官方网址：www.ccppg.cn 发 行 部：010-57526568

印刷：北京利丰雅高长城印刷有限公司

开本：787mm×1020mm 1/16 印张：7.75
版次：2016年7月第1版 印次：2022年2月北京第3次印刷
字数：200千字 印数：13001-16000册

ISBN 978-7-5148-3270-9 定价：22.00元

图书出版质量投诉电话010-57526069，电子邮箱：cbzlts@ccppg.com.cn

目
SHENDIAO
MIZONG
录

金雕威风凛凛，英姿飒爽，一派王者风范。

然而，它从一枚卵到飞上蓝天的成长之路，却并非一帆风顺……

朋友，你喜欢猛禽吗？当看到那些大自然的骄子伸展双翼，搏击长空，圆睁锐眼，呼啸俯冲时，你是不是感到一种野性的力量在呼唤，发自内心地想为它们点个赞？

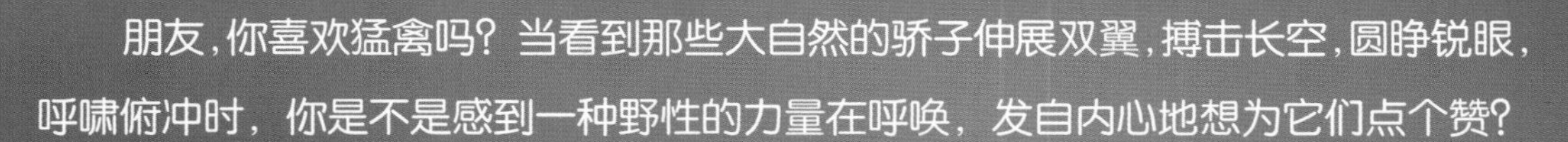

自古以来，人类就赞美猛禽的体魄和勇猛，但是你知道什么才是猛禽吗？猛禽包括鹰、隼、鹗、鹫、鸮、鸢等，就是指所有隼形目和鸮形目的鸟。它们体形大小不等，从翼展不足 50 厘米的雀鹰，到翼展可超过 3 米的康多兀鹫，都是猛禽家族的成员。既然同属一个大家族，成员间必然有很多相似之处，那向下弯曲的钩形嘴，肌肉强健的足，锋利的爪（除鹫类外），极佳的视力，都是猛禽的标志。

金雕

棕尾鵟　邢睿／摄影

猛禽勇猛有力，许多国家视某种猛禽为国鸟，把它的形象搬上了自己的国旗和国徽。威武雄壮的白头海雕，是美洲的特有种，被美国国会选为国鸟；“山鹰之国”阿尔巴尼亚，国旗和国徽都被一只霸气的黑色双头鹰独占；广布于欧亚大陆和非洲的红隼，体色砖红，鸣声尖锐清越，深受比利时人喜爱，成为比利时国鸟；生活在北极苔原地带的白色矛隼，数量很少，极为珍贵，被冰岛定为国鸟；德国国徽上，红嘴红爪的黑鹰骄傲地大秀强劲的翅膀；波兰国徽的红色盾牌上，头戴皇冠的银鹰在展示自己的勇猛和力量。

美国国徽

阿尔巴尼亚国旗

德国国徽

波兰国徽

在众多猛禽中，金雕堪称王者。这种大型猛禽，体长约 75 厘米，体重 3 ~ 6 千克，翼展超过 2 米，头颈上的金色羽毛在阳光下熠熠生辉，犹如一顶高贵的王冠；嘴巴弯而尖锐，眼睛炯炯有神，一双黄色的大脚极为粗壮，趾爪大而强健。无论静还是动，金雕都是威风凛凛、英姿飒爽，一派王者风范。高空中盘旋，近地面俯冲，飞禽走兽无不闻风丧胆。

金雕处于食物链顶端，在生态系统中占据重要地位，在控制啮齿类动物的数量、维持环境健康和生态平衡方面，金雕的作用不可替代。由于数量很少，我国将金雕列为国家一级重点保护动物。

如同武林中的绝顶高手，金雕生活在人迹罕至的深山，很少出现在人口密集之地。因此不少人只闻其名，从没有见过它的容颜，更不了解金雕究竟怎么生活，主要吃什么。

红隼起飞　邢睿／摄影

用双筒望远镜观察　艾子江／摄影

幸运的是，我考入了中国科学院新疆生态与地理研究所攻读硕士学位，加入了鸟类专家马鸣老师的团队。刚进入研究所的时候，马老师正在研究金雕。那一年，我跟随马老师在新疆寻找金雕的巢，记录了寻找金雕的全过程，对金雕有了初步的了解。不过，这点儿了解只是皮毛。金雕是如何生儿育女的？小金雕是怎样成长的？等等，这些都还需要我们不断探索和研究。于是，我又一次踏上了探秘金雕之路。

用单筒望远镜观察记录　赵序茅／摄影

策马寻雕　张同／摄影

准备出发

我国有一半金雕生活在新疆。新疆著名鸟类学专家马鸣教授，是我的研究生导师，2014 年他曾经指导我们金雕小组在新疆范围内调查、寻找金雕。进入 3 月，又到了金雕的繁殖期，马老师指引我和师兄丁鹏、张同再次踏上寻雕之路。

2014 年，我们总共观察记录到 5 对成功繁殖的金雕，并对它们的巢进行了跟踪

新疆卡拉麦里的戈壁

定位。这次再寻金雕，我们有两项重要任务：一是找到 2014 年发现的 3 个雕巢；二是记录小金雕的成长过程。3 月底正是金雕生儿育女的时候，只要找到金雕的巢，就等于找到了金雕。马老师取出一张新疆地图，在地图上圈出 3 块区域：卡拉麦里、阿拉套山、别珍套山，还在上面把金雕巢的位置和代号标得清清楚楚。

“对于金雕，巢只在生儿育女的时候使用，以巢址为中心方圆 20 ~ 100 千米的范围都是金雕的家域。金雕在自己的家域内活动、捕猎，其他猛禽也可以进入，但必须和金雕的捕猎时间错

金雕分布在哪里？

金雕广泛分布于欧亚大陆、北美洲以及非洲北部，足迹遍布美国、加拿大、墨西哥、英国、丹麦、俄罗斯、法国、意大利、哈萨克斯坦、中国、以色列、利比亚以及尼泊尔等国。金雕在我国广泛分布于黑龙江、吉林、辽宁、河北、北京、内蒙古、新疆、青海、甘肃、山西、陕西、湖北、贵州、四川、云南、西藏等省、自治区和直辖市，偶见于安徽、湖南、江苏、福建和广东。新疆是我国猛禽种类最多的自治区，在新疆 80 多个县市中，有 50 多个县市有金雕分布的记录。

开。”马老师这样告诉我们，还顺便开了个小玩笑，“雄金雕也懂得怜香惜玉哦，如果有雌性或未成年的金雕进入家域，它还是很能容忍的。”

我们准备从乌鲁木齐出发。临行前，马老师给我们每人准备了一个工具包，包里装着相机、双筒望远镜、单筒望远镜、GPS（全球卫星定位系统）接收器、米尺、电子秤、笔记本等装备。相机是用来给金雕以及周围的环境和小动物拍照的；双筒望远镜可以快速搜寻空中的金雕，而单筒望远镜则适合在找到金雕后仔细观察；GPS 接收器用来确定金雕巢的位置，米尺和电子秤自然是测量长度和重量的；至于笔记本，那是马老师要求我们随时记录在野外看到的情况，比如什么时间什么地点发现金雕在做什么，等等。马老师还特别强调：在野外看到小动物，要尽可能地拍下来，并记下拍摄的时间和地点。因为这些资料对分析金雕的食物资源和生存环境很有帮助。

魔鬼城近景　赵序茅／摄影

途经魔鬼城

去往卡拉麦里的路上，我们要经过奇台魔鬼城。金雕的领地非常大，整个魔鬼城都属于它们的捕猎区域。

奇台魔鬼城深处，隐藏着一座神秘莫测的古老城郭。每当夜间风起时，城内就会发出凄恻阴森的声音，听起来好像神话中魔鬼的叫声，因此人们称此地为魔鬼城。

远眺魔鬼城，里面宛若矗立着一座座中世纪的古城堡，只见“古堡”林立，大小相间，高矮参差，错落重叠，给人以苍凉恐怖之感。走进所谓魔鬼出没的地方，我发现魔鬼城其实是典型的雅丹地貌。高大起伏的红色山丘，经过亿万年风沙的侵蚀，形成了千奇百怪的景象。砂岩无力抵御风沙的侵蚀，又不愿就此屈服，于是风只得从砂岩中间穿过，形成一个个圆洞。圆洞之上的沙梁因此受益，渐渐成了拱桥形状，阴凉处未融化的积雪映着荒凉的断桥，好似断桥残雪。有的砂岩已被风沙蹂躏得没了脾气，下部也被风化得没了棱角，而顶部的砂岩却顽固不化，依然我行我素地矗立在那里，活像一尊石佛，任凭世间浮沉，我自岿然不动。

过了魔鬼城，就是玛瑙滩。丁鹏告诉我，这里的戈壁滩上曾经散落着无数玛瑙，其中有一块十几平方千米的地方，因为集中了大量质地极佳的玛瑙，被人称为玛瑙滩。这里的玛瑙五颜六色，在阳光照射下闪闪发亮，散射出一道道迷人的光彩。本以为进了玛瑙滩，应该就像掉进了宝石堆。可惜近年来此地捡玛瑙的人太多，如今想在这里看到玛瑙已经很不容易了。

魔鬼城的雅丹地貌　赵序茅／摄影

走过玛瑙滩，眼前是一处沙地——黄羊滩。所谓的黄羊滩，就是黄羊经常出没的地方。这里的黄羊是当地人对活跃在此处的北山羊和鹅喉羚的通俗叫法。听张同说，以前他随马老师到这里来的时候，经常能看到北山羊和鹅喉羚。可随着这个地区的开发，这里的野生动物越来越少了。北山羊和鹅喉羚都是金雕的食物，食物少了，不知生活在此的金雕将会何去何从。

鹅喉羚

鹅喉羚又叫长尾黄羊，是国家一级重点保护动物。体形与黄羊相似，体长 85 ~ 140 厘米，尾长 12 ~ 15 厘米，肩高 50 ~ 66 厘米，体重 25 ~ 30 千克。颈部细长，但雄羚在发情期喉部和颈部会肿胀，像患了甲状腺肿大病，此时脖颈状如鹅喉，所以得名鹅喉羚。鹅喉羚属于典型的在荒漠、半荒漠区域生存的动物，栖息于海拔 2000 ~ 3000 米的高原开阔地带，在我国分布于新疆、青海、内蒙古西部和甘肃等地。

北山羊

北山羊，又叫悬羊、野山羊，是国家一级重点保护动物。体长 105 ~ 150 厘米，尾长 12 ~ 15 厘米，肩高 100 厘米左右，体重 40 ~ 60 千克，最大的体重可达 120 千克。在我国分布于新疆和甘肃西北部、内蒙古西北部等地，栖息于海拔 3500 ~ 6000 米的高原裸岩和山腰碎石嶙峋的地带，冬天也不迁移到低海拔处，堪称栖居位置最高的哺乳动物之一。

鹅喉羚　邢睿／摄影

北山羊　马鸣／摄影

意外发现雕巢的秘密

在黄羊滩上，我们踩着地面上的乱石，边走边探讨着问题。突然，前方出现了几个大坑，坑深约半米，坑里的沙子比较湿润，一看便是新挖的，看起来挖坑者还没有走远。如果在别的地方看到这种坑，我丝毫不会感到奇怪，可这里方圆几平方千米内都没有人烟，挖坑者会是谁呢？丁鹏把眼前的坑用手机拍下来，传给了远在乌鲁木齐的马老师。

没过一会儿，我们就收到了马老师的回复："路线正确，继续前行即到！坑是蒙古野驴刨的。"我打开手机查阅了一下蒙古野驴的资料。原来，聪明的蒙古野驴在干旱缺水的时候，会在河湾选择地下水位高的沙滩，用蹄子在上面刨出半米左右深的坑，等坑里渗出水来饮用。当地牧民把这些水坑称为"驴井"。

在一座看似垂直劈出的红色山崖下，出现了一道山谷，山谷里有条小溪，细细的溪水缓缓地流出山谷后，渗入了宽阔的河床。在山谷的拐弯处，竖立着一座陡峭的崖壁，这样的环境可谓得天独厚，很少被人类活动干扰，应该是金雕生儿育女的好地方。果然，在崖壁上一丛灌木旁，我们找到了一个蘑菇状的大巢。

巢大半是由干枯的树枝搭建而成的。为了看清巢内有什么东西，我们直奔雕巢对面的山脊。顺着陡峭的山脊向上攀爬，一直攀爬到超过巢的高度，从那里往巢里探头看，哇，有一只金雕趴在巢中，像是在孵卵。可真的有卵吗？只有到巢里一探究竟了。

我们爬下山脊，反身攀上雕巢所在的崖壁。这时是不能进巢的，正在孵卵的金雕如果受到打扰，会和入侵者拼命。我们只能静静地守在巢边，等待金雕离开。

蒙古野驴

蒙古野驴是国家一级重点保护动物，全球总数量约 3000 头，仅分布于新疆准噶尔盆地。蒙古野驴外形似骡，体长可达 2.6 米，肩高约 1.2 米，重约 250 千克，属典型高原寒漠动物。它们平时活动很有规律，清晨到水源处饮水，白天在草场上采食、休息，傍晚回到山地深处过夜，每天行走几十千米路程。蒙古野驴喜欢排成一路纵队，鱼贯而行。在草场、水源附近，它们经常沿着固定路线行走，在草地上留下宽约 20 厘米的纵横交错的驴径。

蒙古野驴　邢睿／摄影

等待的时间是那么漫长。虽然眼下刚刚 4 月份，可是卡拉麦里的阳光很毒辣，像有个大火炉在身边烘烤。我们不停地摘下帽子扇风，不停地喝水，时不时还在手心倒一捧水，直接捂在头顶散热。

两小时后，巢中的金雕突然站了起来。眼尖的张同先喊了起来："有卵！"的确，我们看得真真切切，在金雕身下，卧着一枚白色的卵。只见金雕用爪子把卵翻了个身，然后走到巢边，展翅飞了出去。

漫长的守候没有白费，趁着金雕离巢，我们马上行动，准备对雕卵进行测量。

我们简单地分了下工：我和张同负责观察空中金雕的动向，丁鹏则进到巢中去采集数据。沿着设计好的路线，丁鹏贴着崖壁小心翼翼地挪动，几分钟便爬进了巢中。金雕真是装饰家居的好手，为了让雕宝宝出壳后住得舒适，雕爸雕妈使用了软包装——雕巢里垫着一些兽皮、羽毛、碎布料。丁鹏拿出相机，先给卵拍了几张照片，然后取出电子秤，小心翼翼地把卵放上去，数字显示：148.6 克。丁鹏做完这些后，我们迅速离开了雕巢。

随后，我们兴奋地向马老师报告："我们找到 1 号巢啦，巢中有一枚卵！"

刚放下手机，丁鹏突然皱起了眉头："不对呀，我怎么记得去年我们发现的雕巢不在这个位置啊？"凭着记忆，他带我们走了一段路，不过 100 多米，就见到岩壁上有个巢，旁边还有白色的痕迹。莫非还有另一只金雕？可是，等我们爬到山顶，却发现巢内空空如也，没有任何装饰，这好像是个废弃的巢。怎么会这样？"看，那儿还有一个！"顺着丁鹏手指的方向，我们又发现了另一个空巢。这个巢里也没有新的铺垫物。困惑，困惑，怎么会有这么多巢？

我们又拨通了马老师的电话，马老师告诉我们："从巢外白色的痕迹看，这些巢应该都属于同一只金雕。筑这么多巢，它可以轮换使用，每隔一两年换一个。因为长期使用一个巢，会带来一些寄生虫和病菌，轮换使用可以利用阳光中的紫外线给巢杀菌灭毒。"

崖壁上的雕巢　丁鹏／摄影

测量雕卵　丁鹏／摄影

遇到 3 种鸽

按照计划，找到 1 号巢后，我和张同要转战阿拉套山查看 2 号巢区。马老师指点我们，到阿拉套山后，沿着峡谷一直往前走，大约前行五六千米左右，在一块突起的岩壁上就会发现金雕的巢。“注意观察悬崖上白色的痕迹，那是以前幼鸟在巢外留下的粪便，发现白色的痕迹就找到巢了。”马老师嘱咐道。

司机张师傅开车送我们到峡谷的入口。坐在车上，我们也没闲着，一路见到的鸟类都要记录下来，这是马老师让我们养成的一个习惯。马老师说，只有对野外动物非常熟悉，才能更好地开展研究。

车窗外，一群灰色的鸽子飞过。借助望远镜，我们确定那是原鸽。原鸽的体形和家鸽相似，据说是家鸽的原种。它们通体灰色，尾巴白色，翅膀和尾巴上横着一道黑色斑纹，头及胸部闪着紫绿色的光。原鸽本是崖栖性鸟，大多栖息在岩石峭壁间，不善筑巢，只衔些枯枝败叶作铺垫。被人类驯化后，它们很快适应了城市的生活环境，在城市中常会看到它们的身影。

峡谷入口到了，我们下车背上行囊徒步前行。刚进入峡谷，迎面飞来一群中等体形的灰色鸽子。看它们偏粉色的胸，颈侧金属绿色的斑块，翅膀上两道黑色的纵斑纹，对比《鸟类手册》，就可以判定是欧鸽。欧鸽体形比普通家鸽略小，能和家鸽繁殖，但是它们的后代大多短命——两周就夭折。有幸活下来的杂交后代，雄鸽还能和家鸽再繁殖后代，雌鸽就失去了生育能力。

走了不到一刻钟，一块突出的岩壁出现在我们视野上方，成群的山鸦在此飞舞。

那是红嘴山鸦，它们集群生活，在岩石的缝隙和洞穴中筑巢。

根据马老师的指点，这里应该有金雕的巢。我们盯着周围的悬崖仔细搜索，不一会儿，果然在一块岩壁上发现了白色的痕迹。可距离较远，无法确定那里到底有没有金雕的巢。张同取出望远镜，观察了半天，结论依然是不确定。我们只得采取老办法——爬到对面的山上去看。费了九牛二虎之力，我们终于登上山顶，遗憾的是仅仅看到一片枯萎的干草，并不是什么雕巢。

我们只好继续往前走，又发现了几处可疑的地方，可最终确定都不是金雕的巢。又前行了约 2 千米，半道上遇到十二三只岩鸽。

对于岩鸽，我还是比较了解的。岩鸽很像原鸽，翅膀上有两道黑色横斑，但腹部和背部颜色较浅，尾巴上有一条宽宽的白道。它们是生活在海拔最高处的鸽子，最高能达到海拔 6000 米，在峭壁崖洞的岩隙间衔枝筑巢，繁殖后代。

看来我们今天和鸽子有缘，一路上遇到了 3 种鸽子。说起来，新疆共有 6 种鸽

原鸽　沙陀／摄影

欧鸽　邢睿／摄影

岩鸽　邢睿／摄影

子，除了我们见到的 3 种之外，还有斑尾林鸽、雪鸽和中亚鸽。斑尾林鸽是新疆鸽子家族中体形最大的；雪鸽是青藏高原的特有种，近几年才来到新疆落户，属于新疆鸟类新记录；而中亚鸽在我国仅见于新疆，数量很少。不过，我最高兴的还是见到了岩鸽，因为它们是金雕的食物之一，见到岩鸽，说明金雕巢就不远了。

可是，怎么还没有见到金雕巢呢？站在河流旁的青草地上，我们百思不得其解，这里已经是去年定位的地方了，难道这里的金雕弃巢了？我们举着望远镜，在岩壁上细细地搜寻，上看下看左看右看……“在那儿！”张同喊了起来。果真，接近悬崖中央处，坐西朝东，有一处用树枝搭建起来的鸟巢，那就是金雕的巢。

望远镜把雕巢“拉”到我们眼前，巢中有许多新鲜的树枝、干草和一些动物的毛发，巢外有哩哩啦啦的白色粪便。因为巢的颜色和山体极为相近，肉眼很难发现。这让人不得不感叹，如此幽静的峡谷，那么隐蔽的巢，金雕真是用心良苦啊！正在感叹，忽见一只金雕飞回了巢，它在巢里不停地翻动，然后卧了下来，像是在孵卵。

洞中的巢

胡兀鹫　赵序茅／摄影

寻找2号巢的任务顺利完成，接下来张同要留在巢附近观察金雕的活动，而我又要上路，去别珍套山寻找3号巢。马老师在电话中语重心长地嘱咐我："路上要小心，尤其要留心蝎子草……"提到蝎子草，我忍不住笑起来。3号巢所在的山谷长满了一种酷似艾叶的草，它们的叶子背面和茎上长着密密麻麻的有毒绒刺，一旦接触，立刻会引起刺激性皮炎，去年我就深受其害。那时，我对它们不以为然，只顾拨开草木开路。走着走着，突然发现长裤、长袖，外加手套都无法抵挡蝎子草的进攻，小腿和胳膊红肿一片，怎一个"疼"字了得！今年我可没那么傻了。

去别珍套山，一路山路崎岖，没有车道，只能徒步前行。我沿着别珍套山长长的峡谷，一路听着潺潺的流水声溯源而上。中午时分，动物们都选择隐蔽的地方乘凉，能看到的动物很少。不过也有不安分的家伙，对面山头闪过一个黑点儿，是金雕吗？我赶紧架起望远镜，嗯，头部白色，翅膀黑褐色，下体黄褐色，是只不认识的鸟。按照野外考察的一

胡　兀　鹫

胡兀鹫，国家一级保护动物，因为嘴下有黑色"胡须"，又名大胡子雕。胡兀鹫的羽毛很神奇，如果在含铁的水中洗过澡，它的白色羽毛就会变成铁锈色，可以起到很好的隐身作用。胡兀鹫是高山兀鹫的最佳拍档，它们共同负责一项艰巨的任务——清理动物尸体。分工明确是它们合作最大的特色。由于兀鹫没有尖嘴利爪，遇到动物尸体时，无法撕开它的皮，只能在一旁守着，等尸体腐烂后再进食。可如果有胡兀鹫在场，就不同了，因为胡兀鹫有能力剖开动物的尸体。

贯做法，我拿出随身携带的《鸟类手册》进行对比辨认，原来是胡兀鹫。

进了山谷，天气正热，我远远地躲开蝎子草稍作歇息。我一手拿着馕，一手拿起水瓶，刚想吃些东西，突然瞥见天空中出现一个黑色的影子。我放下手中的馕和水瓶，快速抓起望远镜。镜头中，一只大鸟翅膀后张，尾巴呈扇形。金雕！是金雕！ 它围绕附近的山头不停地盘旋，根据去年的考察经验，我认为此中必有蹊跷。难道那里有它的巢？

我对准金雕盘旋的山头追过去，顺着下面的崖壁搜索起来，果然，在东面山脊的悬崖上发现了白色的痕迹。借助望远镜，我发现了悬崖上的一个巢，并可以看到巢中有许多新鲜的树枝、干草以及一些动物的毛发。这个巢的颜色与山体极为接近，非常隐蔽。

现在可以确定这是雕巢了吗？不，根据鸟类学常识，很多大型猛禽的巢都建在悬崖峭壁上。偏偏我又是个路痴，没有丁鹏和张同那么好的方向感，因此也不敢确定这儿就是去年发现的雕巢所在地。没办法，我决定蹲守在巢附近，等着巢主出现。我的运气非常好，不一会儿巢主就现身了。在望远镜中，我看得真真切切，它的确是金雕。

这个 3 号巢不仅位置隐蔽，就连巢的设计也是别具匠心。1 号巢和 2 号巢都是露天的，此处的巢却建在山洞外侧。我在书中读到过，洞中建的巢完全可以实现雕巢的三大功能：

●幼鸟的活动平台。在喂雏阶段，金雕在巢中训练幼鸟的捕食技能，比如金雕经常把整只长尾黄鼠带回巢中，让小金雕练习撕食。

●保温。雕巢的微气候对于卵的成功孵化和鸟宝宝的健康成长很关键。在荒漠地带，当外界的温度下降到 0 摄氏度以下时，雕巢中的温度仍可以达到 18 ~ 23 摄氏度。有人估计，雕巢的保温作用可以为

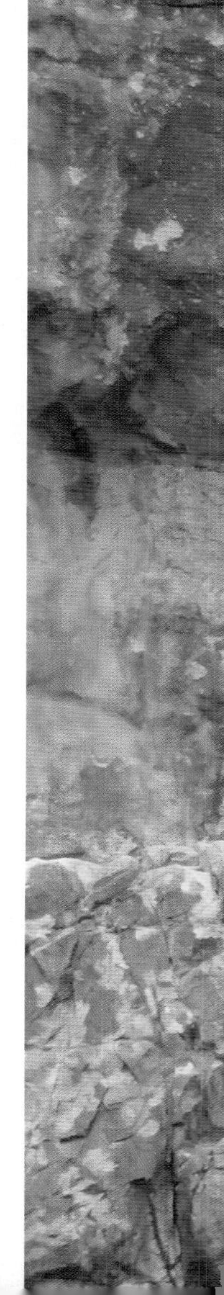

金雕节省 40% 的能量消耗。

●保护作用。繁殖期是鸟儿最容易受到侵害的时期，雕巢为金雕保护卵和宝宝提供了有利条件。这就是金雕总是把巢建在高高的悬崖上的原因，因为这些地方天敌难以接近。

我赶紧掏出手机，向马老师汇报战果。

洞中的雕巢　赵序茅 / 摄影

雕巢是如何建成的

我们在卡拉麦里、阿拉套山、别珍套山都成功找到了雕巢。这时，马老师得到一个信息：新疆深度观鸟俱乐部的西锐说，他在卡拉麦里发现了一个新的金雕巢，非常大，是个百年老巢。马老师十分好奇，他决定到新疆来，和我们 3 个学生会合，然后带着我们一同去考察这个雕巢。

听说要去寻找百年老巢，我们高兴极了，不过，什么是百年老巢呢?

马老师告诉我们，金雕是一夫一妻制，一旦配成对，便会筑起几个巢，一般每对金雕会拥有 3 ~ 9 个巢，最多可达 12 个。一对金雕夫妇会交替使用它们最喜爱的两个巢。最初，雕巢的高度约为 40 厘米，直径约为 1 米。之后金雕每年都会给巢添加一些新材料，巢的体积慢慢扩大，最终形成巨巢。这些巨巢的直径可扩大到 2 ~ 3 米，巢高可到 2 ~ 5 米，巢重达 100 千克。这种巨巢就被称为百年老巢。

傍晚时分，我们师徒 4 人到达了卡拉麦里，为了节省体力，当晚就在野外宿营。马老师给我们传授野外选择宿营地的经验：一要近水。露营休息离不开水，所以营地应选择靠近溪流、湖潭、河流的地方，但绝不能扎在河滩上。因为夏季山里的溪流主要靠冰雪融化补给，白天气温高时，极有可能暴发山洪。二要避开山口和谷口。由于山谷和附近空气之间的热力差，导致白天风从山谷吹向山坡，而夜晚风从山坡吹向山谷。因此，在野外宿营，一定要避开山口和谷口，以免风大，帐篷不牢固，接连不断的风声也会影响休息。三得远崖。不能将营地扎在悬崖下面，一旦刮大风，有可能将悬崖上的石头吹落，造成伤亡。四须防雷。在雨季或多雷电区，营地绝不能扎在高地上、高树下或比较开阔的平地上，那样很容易遭雷击。五要避害。野外扎营，要留意附近有没有黄蜂巢或其他有毒有害的虫子和有毒植物，注意避开它们。

我们选择了一个近水、背风、远崖、防雷、避害之地搭起帐篷，过了一夜。天一亮，我们师徒 4 人就继续向深山挺进。

金雕的婚配制度

金雕是一夫一妻制，一般情况下，夫妻长期生活在一起，这种情况在猛禽中是比较少见的。在中国，金雕不用进行长距离迁徙，因而夫妻可以在一个领域生活很久。而在北美洲的一些地区，金雕需要长距离迁徙，所以它们的婚姻变得不稳定。此外，金雕的婚姻还和食物有关，如果一个地区食物资源非常丰富，雌雕能单独抚养小雕，雄雕就可能有多个“妻子”，这样可以繁育更多后代；如果一个地区食物资源过于匮乏，金雕夫妇无法养活后代，雌雕就可能同时拥有两个“丈夫”，一同帮着喂养孩子。当然，这只是个别现象。

宿营地　马鸣／摄影

霸王属植物　赵序茅／摄影

先开花后长叶的霸王

霸王，蒺藜科霸王属强旱生灌木，常分布于荒漠地带，是亚洲中部荒漠区的特有植物，也是我国西部荒漠区的优势植物。霸王不仅早熟，更为神奇的是先开花后长叶。当别的植物刚刚发芽时，霸王已经花朵盛开（开黄花），叶芽萌发，淡黄中衬着青翠，煞是好看。这是因为别的植物在积雪融化、气温回升时才开始萌芽，而霸王的花芽和叶芽却在早春时就已萌发了。

4月的新疆，植物刚刚萌发出绿芽，在如此荒芜的世界中，一片片绿色格外引人注目。马老师虽然是研究动物的专家，但是长期的野外考察，使他对本地的植物也特别熟悉，“瞧，这叫霸王。”马老师指着一种绿叶中开着淡黄色花朵的植物说，这是一种先开花后长叶的植物。

在马老师的指引下，我们看到了所谓的百年老巢。雕巢在悬崖的一块岩石上，靠着岩壁，上方有一块突出的石头，既能遮风又可避雨，下方是直直的岩壁，十分陡峭，真是一夫当关万夫莫开。虽然这个雕巢和以前发现的雕巢方位有所不同，但位置的选择却没有什么大的差别，也是建在悬崖的中上部。

快到雕巢的时候，我突然有一种被欺骗的感觉，越接近雕巢，这种感觉越强烈。平日远望雕巢，感觉它也就有燕窝那么大，可真正近在咫尺时，眼前的雕巢却像一个巨大的圆柱，身高 1.78 米的我顿时感觉自己好渺小！

“实际上这还不是最大的雕巢，美国西北部的蒙大拿州有一个金雕的巢，建在一处玄武岩柱上，巢高竟然有 6 米！科学家对巢中的一处树枝进行检测，你们能想到吗？”马老师顿了一下说，“那巢竟然是公元1400 年建的，2004 年还在使用，真是名副其实的百年老巢啊！”

建在崖壁上的雕巢　赵序茅／摄影

听马老师说得这么神奇，一旁的我坐不住了，决定来个探巢行动。我们反复观察，眼前这个老巢中没有新鲜的铺垫物，周围也没有金雕巡视，可以确定这是一个废弃的巢。这里的山海拔偏低，坡度也比较平缓，爬进巢不会太费劲。马老师没有阻拦我，只是让丁鹏和张同在后面为我保驾。

离雕巢越来越近了，说实话我心里也没底，只得两手扶着岩壁，慢慢往前蹭。到了！我深吸一口气，先把一只脚伸进雕巢，试着踩了踩巢壁，嗯，还算稳固，我这才放心地放进另一只脚，稳稳地落进巢中。这个巢好大，我在里面不仅可以站直身子，还能随意转身。

“来，量量吧！”我掏出米尺，张同帮我一起测量了雕巢的数据，巢高 125.9 厘米，直径 198.4 厘米。巢不仅坚固，巢内的设计也非常合理，最里面紧靠岩石的地方避风又避雨，是雕宝宝的遮蔽区；中间是休息区；外部是雕爸雕妈投放食物、喂养孩子的地方，等雕宝宝稍微长大些，这里又会成为它们的活动区。

如此宽敞、结实的老巢是如何建成的呢？原来，金雕会先选一些粗壮的树枝，插入岩石的缝隙中，这是雕巢的支柱，借用一句建筑术语叫“打桩”。雕巢是否稳固，很大程度上取决于桩是否牢固，所以用于打桩的材料金雕会格外用心挑选。每根树枝的直径都有两三厘米，一端牢牢地插进岩石缝隙中；另一端和其他树枝相连接，利用树枝间的天然分叉，构成牢固的“地基”，好比古建筑中的榫卯结构。

桩打好之后，就开始建房了。金雕把树枝一层一层搭建在“地基”上，每一根树枝都像是经过精心摆放的，上一层的树枝插入下一层的缝隙中，环环相扣，形成一个整体。为确保巢的稳固，雕巢采用圆台形设计——最底层面积最大，越往上越小，最上层还要铺垫一些枯草，这是雕宝宝的“儿童房”，一定要舒适。

最大的鸟巢

自然界中的鸟巢大小不一。产于古巴的一种蜂鸟的杯状巢直径只有 2 厘米，高度约为 2.3 厘米。而一些大型猛禽和鹳类常常拥有巨型鸟巢。据记载，有一个白头海雕的巢直径 2.9 米，巢深超过 6 米。另一个白头海雕的巢被连续使用了 80 多年，直到被一场飓风毁坏为止。有人曾对这个巢进行测量，发现它的重量已超过 2 吨。目前已知的最大的鸟巢为普通塚雉所拥有，这种鸟筑造的巢是冢状大土堆，直径可达 10.7 米，最高约 4.5 米。

进入雕巢观察记录后赶紧离开　丁鹏／摄影

巢中的绿色植物

马老师告诉我们，其他鸟类只在繁殖期筑巢，金雕则不然，一年四季都在忙着筑巢。从秋天到晚冬这段时间是它们筑巢的高峰期，因为这个时期筑巢用的树枝比较容易收集。筑巢工作全部由雌雕完成。如果雌雕对筑的巢不满意，会另起炉灶，再筑新巢。

我翻了下巢中的树枝，大部分是梭梭和红柳的枝条。这两种植物在本地区分布最广，很容易找到。去年在阿拉套山，丁鹏发现那里的雕巢用的主要材料是松枝，可见金雕筑巢是就地取材。巢里面还有兽皮、羽毛，那是用来铺垫的，好比家中装修的软包装。这些兽皮和羽毛，都来自金雕捕获的猎物，吃完肉以后，金雕将猎物的皮毛留下，给正在孵化的卵和出壳不久的雕宝宝保暖。有意思的是，巢里还铺着一些破布料、塑料布，这些人造的东西竟然也入了金雕的法眼，被捡来装饰自己的家。

我忽然想到一个奇怪的现象，1号巢的金雕产完卵之后，依旧往巢中添加绿色植物材料。这是怎么回事呢？这个问题把马老师也给问住了。

金雕巢中的树枝和绿色植物　赵序茅／摄影

梭梭　赵序茅 / 摄影

梭梭和红柳，荒漠中的"俊男靓女"

梭梭是落叶小乔木或大灌木，耐瘠薄，抗旱性极强，是中亚干旱荒漠地区的优良固沙植物。梭梭对干旱有较强的适应性，根可以深入地下几十米，向四周拓展几百平方米，牢牢固定地面上的身躯。

红柳也叫多枝柽柳，为小乔木或灌木，树高通常 2 ~ 3 米。红柳根系发达，一丛 4 年生红柳，株高 3.5 米，水平根幅能达 20 多米，可以牢牢扎根在沙漠中，努力吸收水分。为了在荒漠中最大程度地减少水分蒸发，红柳的叶子经过长期演化，已变成了针状。红柳枝叶能排除盐分，所以它们可以抗盐碱。带毛的红柳种子可以像蒲公英一样借风力传播，在适宜的地方很快生根发芽，形成大片丛林。

梭梭和红柳是常常伴生在一起的。只要有红柳生长的地方，梭梭就常随常守，而红柳无法生存的地方，梭梭也照样能遍布。因此人们把梭梭比作沙漠俊男，把红柳比作沙漠美女。

后来，我们翻阅了资料和文献，发现这个问题目前国内外鸟类学家还没有确切的解释。有一种说法是，把绿色植物放进巢中（无论正在使用的，还是闲置的），可以让别的金雕知道此巢已有主。可是我们观察发现，金雕仅仅往正在孵卵的巢中添加绿色植物，并不理会附近的空巢。因此这种说法不太靠谱。

另一种说法是，向巢中添加特定的绿色植物材料，可以掩盖巢中的粪便、食物残渣等废物，抑制病菌和寄生虫滋生。鸟类中不仅金雕如此，紫翅椋鸟也会往巢中添加有气味的植物（如红色野荨麻和西洋蓍草等），以抑制巢内细菌的生长和寄生虫卵的孵化。法国科西嘉岛上的

红柳

西洋蓍草

蓝山雀则向巢内添加一些芳香植物，而科西嘉人用来保持房屋空气清新的 5 种芳香植物，竟然和蓝山雀的选择一样。更神奇的是，蓝山雀还会不断更换这些植物，使巢内气味保持浓郁。

如果第二种说法有道理，我们就得知道金雕往巢里添加的绿色植物是什么，结果发现是麻黄。麻黄，也叫草麻黄、麻黄草，是多年生草本植物。

麻黄有什么作用？

早在 4000 年前，巴音郭楞地区的罗布人就以麻黄草为药物，中外考古学家在楼兰古墓葬中发现了麻黄枝。20 世纪 70 年代，我国考古学家在罗布泊地区挖掘了 47 座古墓，无一例外，墓主人身边都陪葬着一包麻黄枝。看来古人早就发现麻黄有缓解病痛的神奇作用。近代化学实验发现，麻黄含有麻黄碱、利尿素、维生素、氨基酸和多种微量元素及挥发油，有升高血压、舒张平滑肌、利尿、发汗的功能。

看来，往巢中放绿色植物，可以起到抑制病菌和寄生虫滋生的作用。不过，有必要提醒的是，麻黄是药材，也是制造冰毒的原料，因此咱们国家对麻黄实行严格控制，禁止自由买卖。

木贼麻黄　邢睿 / 摄影

猎隼霸占金雕巢

告别百年老巢后，我们师徒 4 人又一同去看 1 号巢。此时金雕亲鸟（鸟类在孵卵和育雏期间，相对于卵和幼鸟，双亲被称为亲鸟）正在巢中孵卵，躲在巢下面的我们大气都不敢出，生怕惊扰了金雕孵卵。

离开 1 号巢后，我们顺便查看了一下当地的环境。走了不到 50 米的距离，一种小动物——沙蜥引起了我们的注意。

又走了大约 50 米，我们发现悬崖上有一个鸟巢。因为知道金雕在一个巢区内往往会有两三个巢，轮换着使用，所以大家都没有太在意。

我无意中拿起望远镜，向巢里看去："咦，里面怎么会有其他鸟？"马老师被我的叫声惊动了，他举起望远镜看向巢里，根据鸟的体形和羽毛，马老师马上判断那是猎隼。

听说巢中是猎隼，我们当时就惊呆了。猎隼怎么会待在金雕巢中？而且这个巢和 1 号巢挨得特别近，相隔仅 100 米左右。

孵卵的金雕　丁鹏 / 摄影

沙蜥　赵序茅 / 摄影

沙　　蜥

沙蜥是蜥蜴的一种，属于爬行动物。沙蜥得以在荒漠中生存，是因为有很多独特之处。沙蜥不饮水，直接从昆虫等食物中获得身体所需水分。沙蜥的皮肤具有感受器，能吸收空气中的水分。沙蜥鼻孔内有活动的皮瓣，上下眼睑鳞外缘突出、延长，在闭眼时可紧密合拢，因此，刮风时沙蜥可以防止沙粒钻入鼻和眼。沙蜥趾爪锐利，适于挖沙，也适合在沙地上行走。它背部的颜色可随栖息地的颜色变化，一般是黄灰褐色。它的头大而平，利于早晨在洞口吸收阳光，快速升高体温。

猎隼　马鸣／摄影

马老师解释，猎隼是出了名的格斗高手，虽然它的体形只有苍鹰那么大，但它的凶狠让很多大型猛禽都唯恐避之不及，就连金雕有时也要让它三分。在猎物眼里，猎隼犹如死神一般。无论是地上的啮齿类，还是空中的中小型鸟类，猎隼基本上都是一击必杀。如此凶猛的猎隼自己不筑巢，繁殖期就把别的猛禽的巢据为己有。当然，猎隼抢的巢大都是别的鸟的旧巢。猎隼能和金雕在如此近的距离内相安无事，最主要的原因还在于，它们体形不同，速度不同，捕食地点和方式也不一样，在食物构成上没有太大的冲突。

突然，数百米开外的悬崖上传来猎隼急促的鸣叫声。我们将双筒、单筒望远镜齐齐架起，好戏即将开场—— 在野外，最精彩、最刺激的事莫过于猛禽的捕猎了。

我发现那只猎隼时，它距离地面不足 100 米，双翅收拢在背后，头缩到肩部，正以与地面成 25 度的角度向猎物俯冲下去。据说猎隼扑向猎物时时速可达 320 千米。仅仅 30 秒后，猎隼微张双翅，用爪子抓住地面的野兔，锋利的喙直接把野兔的脊柱切断，刚刚还在狂奔的野兔瞬间不再动弹。我看了一下表，从我们发现猎隼出击到捕猎结束，整个过程不到 1 分钟！

可以用 3 个字来概括猎隼捕猎的特点：快、准、狠。马老师说，猎隼强悍的捕猎能力主要得益于它特殊的身体构造。和同等体形的隼类相比，猎隼的翅膀要宽得

刚刚捕获猎物的猎隼

猎隼的幼鸟

多，在空中飞行更有力量，速度更快。猎隼的爪子也比其他隼类大，爪子的弯曲程度和锋利程度更好，抓捕猎物更准。猎隼的喙短而弯，强壮有力，可以把猎物的脊柱切断，比其他猛禽更狠。

虽然对猎物如此凶狠，可雄猎隼对“妻子”却很好。那只猎隼捕到野兔后，立即带回巢中献给正在孵卵的“妻子”。雌猎隼比雄猎隼大得多，雄猎隼的平均体重840克，高45厘米，翼展100 ~ 110厘米，而雌猎隼平均体重1135克，高55厘米，翼展110 ~ 120厘米。无论身高体重，还是翼展，雄性猎隼全部“低人一头”。因此，雄性猎隼想要娶如此“高大壮”的“妻子”，可不是件容易的事情。

每到发情期的时候，为了吸引异性的目光，雄猎隼都要进行一次壮观的空中表演。它在空中翱翔，不断地发出叫声，还要用爪子抓住猎物在空中左右晃动，来展示自己的捕猎实力。为了和看中的雌猎隼亲近，雄猎隼往往要在人家身边飞个不停，还要乖乖地给意中鸟奉上自己捕获的猎物。

猎隼精湛的捕猎技能也给它们带来了杀身之祸。马老师说，正是因为猎隼具有高超的捕猎技能又易于驯养，早在几千年前它们就被人类训练成了狩猎工具。在阿拉伯国家，驯养猎隼是一种时尚，也是财富和身份的象征。这导致一些不法分子大肆盗捕猎隼进行非法交易，对猎隼种群造成了极大的威胁。目前，全球只剩3.5万～4万只猎隼。在我国，猎隼主要分布在北部及中西部如新疆、西藏、内蒙古等地，因为数量越来越少，猎隼已被列为国家二级保护动物。

察看完1号巢，马老师就和我们告别了，接下来的观察任务，就留给了我们3个学生。

驯鹰捕猎

金雕的行为谱

找到 3 个金雕巢之后，接下来的工作就是仔细观察金雕的活动，记录它们每天孵卵、外出的时间；等到小金雕出壳后，还要记录它们每天的活动， 定期给小金雕测量身体数据。

为了更好地观察和记录，我们必须对金雕亲鸟的行为进行统一描述。有了统一的标准，才可以对不同巢址的金雕进行比较，否则的话，你说你的，我说我的，没有一套行为准则，鸡同鸭讲，很难比较。根据马老师之前的记录和我们最近的观察，我们制定出金雕的行为谱，对金雕亲鸟的

行为谱

行为谱是一种动物正常行为的全部记录或名录。制定动物行为谱要求科学家必须长时期与动物相处，在不干扰它们日常活动的情况下，正确而又详细地记录它们的各种行为类型。每种动物都有自己的行为谱，至今科学家只对极少数动物的行为有比较全面的了解并给它们制定了行为谱。

远望巢中的亲鸟　邢睿／摄影

行为进行了统一的描述。说白了，就是把金雕的哪种行为称为“孵卵”，哪种行为叫作“睡眠”，等等，做出统一的规定。

金雕亲鸟行为谱：

孵卵：亲鸟卧在巢中，将卵置于自己腹下，靠体温维持卵发育所需的温度。

睡眠：亲鸟将双腿折叠在体下，身体呈水平姿势，低头闭眼趴卧在巢中。

张望：当受到外界干扰或另一只亲鸟出现在巢附近时，坐巢的亲鸟抬头东张西望、左顾右盼，这也属于警戒行为。

理羽：亲鸟通过头颈部的伸展、转动，用喙梳理自身背部、左右翼等部位的羽毛。理羽类似人类洗澡，可以及时清理羽毛上的寄生虫。

抓挠：亲鸟单腿站立，低头，抬起一侧腿用爪在头部、颈部的上方以及喙部抓挠，用于解痒或去除异物。

抖羽：成鸟以身体长轴为中心左右快速转动身体，同时带动全身羽毛抖动。

晾卵：亲鸟在巢中孵一段时间的卵后起身活动，或者离开巢，使卵充分接触空气。

翻卵：亲鸟用喙、爪来推或拨动卵，使卵翻动或调整卵的位置，以保证卵可以均匀受热。

起飞：亲鸟站立巢边，身体微蹲，颈向前上方伸直，双腿蓄力蹬地，使身体腾空，然后展开并拍打双翅起飞。

飞行中的亲鸟 邢睿/摄影

飞行：亲鸟扇动双翅在空中移动。飞行强调的是要扇动双翅，滑行和翱翔是指伸展双翅而不扇动地在空中移动，这不属于飞行。滑行是指在高空中，身体保持固定姿势，借助高度差和空气阻力呈直线穿行（一般表现为向下滑降）；而翱翔是指借助上升气流向上移动（常表现为盘旋上升）。

排便：亲鸟尾部朝外，抬起尾羽将粪便从泄殖腔急速喷出巢外，在飞行或起飞时也会有排便行为。

哈欠：亲鸟不自觉地张嘴、闭嘴，当上下喙距离最大时，有瞬间停滞的动作。哈欠可以更好地散发体内的热量。

鸣叫：成鸟抬头，伸颈，张嘴并发出声音，此行为极少出现，仅在受到严重威胁时发生。

有了这个行为谱，以后观察、记录就方便了。我们制定的这个行为谱，没有区分金雕的雌鸟和雄鸟，而是统称为亲鸟。这就带来一个问题——我们分不清哪个是雕爸，哪个是雕妈，以及在孵卵的时候，它们是如何分工的。

飞翔的金雕

金雕的体重

金雕体重在3～6千克，雌雄个体之间存在差异，雌雕在6千克左右，雄雕3～5千克。体重的差别和它们的分工有很大关系，雄鸟主要负责给幼鸟捕食，因为相对来说，体形较小的雄鸟飞行速度更快，捕捉敏捷的猎物更有利，而体形较大的雌鸟更适合孵化和保护幼鸟。体形的差异也使得雌鸟和雄鸟对猎物的选择存在区别，这样更有利于一对金雕在一块领地上长期生存。

金雕夫妻有分工

刚开始，我们分不清雌雄金雕，仅仅凭感觉，简单地认为待在巢中孵卵的就是雌雕。在野外观察时间长了，尤其是整天面对一对金雕，渐渐地我们就熟悉了它们的一切。丁鹏发现长期待在巢中孵卵的是雕妈，而中午时分，雕妈离巢后来换孵的那一只就是雕爸，比起来，雕妈要比雕爸略大，也更加凶猛。

通过长期观察，我们发现在整个孵化期间，雕爸是非常辛苦的。

虽然孵化工作大部分都由雕妈负责，但雕妈不可能整天都待在巢中，也需要休息和进食。所以每天有一个时间段，雕爸要回巢和雕妈换岗，这个时间段通常是中午，雕夫妻每天要轮换两三次。

此外，雕爸必须保护雕妈在孵卵期间不受外界的打扰。有一次，我们观察发现，几只黄爪隼闯到雕巢附近活动。雕爸发现后马上进行驱赶。黄爪隼也不是省油的灯，它知道自己在实力上不如金雕，绝不和金雕单打独斗，而是召集来一群伙伴，利用数量的优势围攻金雕。

金雕与黄爪隼　赵序茅 / 摄影

每当金雕俯冲过来，它们就利用身体短小的优势灵活转身，躲避金雕的攻击。不过，这招并不总能奏效，只要一次躲不过就会丧命。战了几个回合之后，黄爪隼识趣地离开了。而金雕呢，也消耗了大量体力，因为还要捕猎、护巢，就放它们一马，懒得去追了。

除了每天的换孵和警戒外，雕爸最繁忙的工作就是捕猎。雕爸责任重大，雕妈孵卵期间，还有小金雕出壳的前两周，猎物大都是雕爸捕到的。如果赶上一个不负责任的雕爸消极怠工，雕妈就会选择弃巢弃卵，因为仅凭雕妈一己之力，即使把幼鸟孵出来，也无法将它养大。

雕爸捕到猎物后，会放到巢外专门的地方，等雕妈过来进食。这是因为巢中要孵化幼鸟，不能有太多的杂物。

去年，在1号巢的食物残骸中，我们发现最多的是野兔，既有成年的大兔，也有年幼的小兔。这和阿拉套山、别珍套山那边的情况不同，那里的金雕以捕食旱獭和长尾黄鼠为主。今年在1号巢里，除了野兔，丁鹏还发现了刺猬和呱啦鸡的残骸。张同在巢外也有重大发现，在金雕经常停落的山坡上，除了散乱地扔着一些小型动物的骨骼外，一具鹅喉羚的头骨和一具犬科动物的颌骨格外显眼，估计是狐狸或鼬科动物的。看来对于捕捉到的大型猎物，金雕是先在此处杀掉、放血、剥皮，再带回巢中，难怪在巢里很难看到动物的血迹。

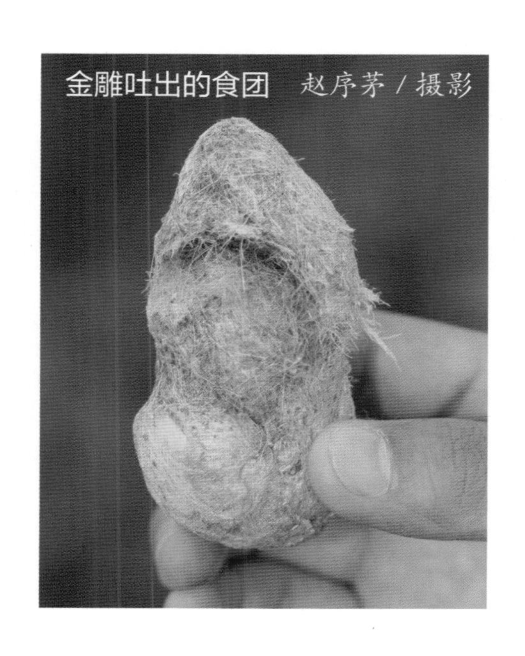
金雕吐出的食团　赵序茅／摄影

除了动物残骸，巢里还有雕爸雕妈吐出的食团。动物的一些毛发不易消化，吃下肚后会形成食团，隔一段时间，金雕就会把食团吐出来。食团是金雕食谱最直接的证据，可是因为食物被嚼得很碎，而且经过了胃的消化，仅从食团看不出金雕都吃了什么，还需要分析化验。张同取出随身携带的取样袋，装上食团，要把样本带到实验室去化验。

通过这种分析化验食团的方法，我们发现卡拉麦里金雕的食谱包括：大耳猥、大沙鼠、草兔、赤狐、鹅喉羚、北山羊、盘羊、家羊羔、石鸡、波斑鸨、毛腿沙鸡、岩鸽、戴胜、黑尾地鸦、红嘴山鸦、赭红尾鸲、槲鸫、白背矶鸫、信鸽、红沙蟒、东方沙蟒等。怎么样，是不是很丰富？

戴胜

黑尾地鸦

槲鸫

白背矶鸫

黄爪隼

黄爪隼是一种中小型猛禽，特别喜欢在荒山岩石地带和有稀疏树木的荒原地区活动。黄爪隼性情极为活跃，大多成对或小群活动，叫声尖锐。主要以蝗虫、甲虫、蟋蟀等大型昆虫为食，也吃啮齿动物、蜥蜴、蛙、小型鸟类等脊椎动物。通常在空中边飞边捕食，有时也在地上啄食。

黄爪隼捕捉昆虫

黄爪隼 邢睿/摄影

进入金雕巢，准备测量幼鸟　黄亚慧 / 摄影

给卡小金做体检

1号巢的雕妈在巢中孵化了42天后，小金雕顺利出壳。因为出生在卡拉麦里，我们给它取名卡小金。卡小金出壳后，丁鹏在此留守，我和张同则去了阿拉套山和别珍套山，查看2号巢和3号巢的小金雕。3个巢中，只有1号巢的岩壁没有那么陡峭，所以我们选择对1号巢的小金雕进行常规的体检。

给小金雕体检是一项非常危险的工作，因为贸然进入雕巢，很容易被在附近巡视的金雕亲鸟发现。曾经有一个哈萨克族青年克德尔汗，为了给他60岁的父亲祝寿，决定上山捉一只幼雕作寿礼。克德尔汗自己没有去攀登悬崖，而是用绳索把小女儿克孜娅尔吊放下山崖，想让她接近雕巢，抓只雕宝宝。没想到，当小克孜娅尔接近巨大的雕巢时，两只雕宝宝嗷嗷直叫，向空中盘旋的雕妈求救。愤怒的雕妈从空中俯冲而下，朝着克德尔汗直扑过去，瞬间将父女俩一同带入深谷……

所以每次给小金雕体检的时候，都会有一个人在地面把风，另一个人进巢工作，以确保安全。

在卡小金的成长过程中，我们一共给它做了5次体检。它出壳的第三天，马老师把我从阿拉套山调到卡拉麦里，和丁鹏一起给卡小金做第一次体检。趁着雕爸雕妈离巢的空隙，丁鹏在下面把风，我快速进巢，给卡小金做了第一次测量。这是我第一次见到金雕宝宝，此时的卡小金全身覆盖着一层白色的绒羽，小嘴黑黑的，蜡膜（角质喙与前头部之间的柔软皮肤）为肉白色，眼睛已经睁开，发出“叽……叽……”的叫声，腿无力地蜷着，一直趴卧在巢里，体重只有 126 克。

卡小金 15 日龄的时候，我协助丁鹏给卡小金做了第二次体检。丁鹏告诉我，3~15 天这段时间，卡小金长得很慢，不过已经可以借助翅膀的支撑，慢慢地移动了。

中午，我们仔细观察空中的动静，确定雕爸雕妈不在附近活动后，丁鹏才小心翼翼地进入雕巢。此刻的卡小金全身绒羽已经变成灰白色，比 12 天前浓密了许多，初级飞羽已经露头，羽干约 1 厘米，上面有一道黑褐色的条纹，蜡膜和爪子成了黄色，体重已经达到 1 千克。卡小金能摇摇晃晃地站立一会儿，可惜时间不长，大多数时间还是蹲坐在巢里。

卡小金 36 日龄的时候，我和丁鹏又返回卡拉麦里，一起给卡小金做了第三次体检。哈，卡小金的初级飞羽已经有 20 厘米长，翅膀、尾巴和背部的覆羽基本长全了，体重达 3.23 千克。它的头、腿和胸前仍

与金雕面对面　黄亚慧／摄影

然是白色的，腿脚已经很有力，可以在巢中走来走去了。

到 48 日龄时，卡小金头顶及后部都长出了棕色羽毛，看起来强壮多了，对我们的测量开始强烈反抗，拼命地展开翅膀啄我们。

62 日龄时，我们对卡小金进行了最后一次体检。此时它全身披着黑褐色的硬羽，腿上的羽毛是白色略带褐色，只有头顶是棕黄色的，胸前龙骨突处有一块大大的白色斑块。别看体重变化不大，可卡小金变得更厉害了。初级飞羽已经长到 49 厘米，能够完成跳跃、振翅等动作了。之后，它胸前和腿部的白色羽毛会逐渐消失，只在展开翅膀时能看见翼下有白色的斑纹。

金歌金第一家

卡小金在顺利成长，阿拉套山那边的 2 号巢如何呢？马老师不时调兵遣将，让我们相互照看和协助。这天，马老师告诉我，2 号巢的两枚雕卵都已破壳，让我过去看看。

一巢双卵　丁鹏 / 摄影

中介蝮蛇　丁鹏 / 摄影

金雕生男生女有规律

有意思的是，金雕的性别出生顺序是基本不变的，即第一枚卵是雌性；第二枚卵是雄性。一般来讲，金雕这种性别出生顺序对种族延续是有利的，因为在食物不足的年份，先出生的雌性会得到更多的食物和照顾。因为雌金雕在繁殖过程中要产卵、孵化，付出得更多，死亡率要高于雄性，这也算大自然对雌金雕的一种补偿吧。

行走在阿拉套山的山谷里，忽见一条暗褐色的蛇挡在前面的路上。这条蛇长约 60 厘米，比大拇指略粗。看样子它是想爬到石头上晒太阳。山里的蛇有一个特点，喜欢和人抢地盘。蛇是变温动物，喜欢温暖的阳光，往往人感到舒服的地方，它们也会感到比较惬意。它背面灰褐色，头背上有一个深色的倒 V 字形斑，肚子是灰白到灰褐色，夹杂着黑斑，可以确定那是蝮蛇，而且有毒。三角形的头形帮我确认了它。

在山谷里走了不到半小时，我到达了 2 号巢的位置。果然，两只小雕都已经成功孵化出来了。那就给它俩取名吧，早 3 天孵化出的是只小雌雕，取名叫金歌；后出壳的是雄性，叫金弟。去年我们发现的 5 个金雕巢，每个巢都只孵化出一只小金雕，如今一巢双雕，真是可喜可贺！我立即把这个喜讯报告给马老师。

金歌和金弟身上已经长出白色的绒毛，可以借助翅膀的支撑，在巢中缓缓地移动。这段时间姐弟俩生长得十分缓慢，食量也小，比起来姐姐要比弟弟强一点儿。

不过，它们没有摊上个好邻居。在 2 号巢附近有群山鸦，山鸦们时不时地跑到金雕巢的附近来叽叽喳喳地吵闹。

山鸦是集群生活的鸟类，大的山鸦群有 300 ~ 400 个成员。红嘴山鸦的繁殖期为 4~7 月，正值小金雕的孵化成长期。红嘴山鸦仗着鸦多势众，成天在金雕家门口喳喳乱叫，吵得人家不得安宁。

这天，200 多只山鸦突然闯到金雕巢的附近，守候在巢中的雕爸立即出巢驱赶，只见它快速上升，盘旋到鸦群的上方，充分利用自己的高速度和灵活性，调整身姿，上升、盘旋、俯冲，不断重复着这几个单调却十分有效的动作。随后，雕妈也出巢助战，这场战斗完全一边倒。原本浩浩荡荡的山鸦群，很快被金雕夫妇冲得七零八落。

第二天，我们像往常一样去 2 号巢蹲守。下车后，我们直接在草地上架起单筒望远镜，这样既能看清金歌、金弟的一举一动，累了还可以在草地上躺一会儿，聆听一下旁边潺潺的流水声。

我们同样给金歌、金弟制定了行为谱：

休息：刚出生的雕宝宝把双腿折叠在体下，身体呈水平姿态，低头、闭眼地趴卧在巢里。稍大点儿后，双腿不完全伸开地坐在巢中。

山鸦

理羽：开始由爸妈教理羽，经过一段时间的学习后，理羽的姿势同爸妈一样。

抓挠：开始雕宝宝的一条腿站不稳，必须把身体倚靠在巢内侧的岩石上，用一侧的脚爪在头、颈以及嘴上抓挠。

排便：双腿站立，尾部朝外，抬起尾羽。前期由于没有力度，粪便多排在巢外缘；后期就像爸妈一样，可以将粪便完全排出巢外。

乞食：看到爸妈飞来，抬头向上伸颈、张嘴并伴随鸣叫。

觅食：在巢里没有食物，饿得够呛，而且爸妈没有出现时，低头寻找食物残余。

啄食：低头上下点动，喙一张一合地拾起食物，或把头伸到爸妈的嘴里取食。

撕扯：前期由爸妈帮助撕扯食物；后期渐渐独立撕扯食物，姿势和爸妈一样。

运动：开始走动时身体很难保持平衡，用跗跖并借助翅膀缓缓移动，到后期可熟练移动。

张望：当受到外界干扰时，抬头环视周围。初期，雕宝宝大多卧在巢里抬头张望；后期变成站立张望。

鸣叫：当周围出现异常，雕宝宝感到自己受到威胁时，抬头平视周围，发出叫声，声音急切、快速，不像乞食时的鸣叫，一般持续时间较短。

抖羽和甩头：和爸妈的动作一样。

扫一扫，观看小金雕理羽、张望

金雕发起进攻　邢睿 / 摄影

大战秃鹫

在金歌、金弟出壳的一周内，雕妈都在巢中守着。这个时期，雕宝宝的绒羽还不足以抵抗外界的寒冷，尤其是清晨，因此雕妈需要待在巢中，用身体给雕宝宝取暖。这一周都是雕爸在捕猎。投到巢里的食物，雕妈会撕碎先喂给雕宝宝吃，剩下的才自己吃。

一周之后，随着雕宝宝羽毛长长，雕妈不用整天待在巢里，可以出去捕猎了。不过，此时雕爸依旧是捕猎的主力。由于巢中的雕宝宝还没有自我保护的能力，所以雕妈要在巢周围巡视，捕猎还只是副业。

这天，和往常一样，我们架起单筒望远镜观察着巢里的一切。突然，天空中出现了一个黑点，在巢的上空盘旋，起初我以为是雕爸或雕妈在巡视，可是，巢里的金歌、金弟没有任何反应。以往，只要亲鸟在巢附近出现，无论是巡视还是喂食，巢中的雕宝宝都会发出叽叽的叫声。这太不正常了！

于是，张同继续观察巢中的情况，我把望远镜对准空中盘旋的那个黑点。此鸟浑身乌黑，翅膀下垂，光秃秃的脖子格外显眼。是秃鹫！秃鹫是天山的一种大型猛禽，体形比金雕大得多，翼展超过 3 米。秃鹫以腐肉为食，和金雕在食物上没有冲突，不过金雕捕杀大型动物之后无法全部带走，秃鹫们就会过来蹭饭。

只见这只秃鹫在巢上空不停地盘旋，既不离开，也不下降，好像在寻找什么。秃鹫是群居的猛禽，它们的原则是分开觅食，集体共享，一旦谁发现了食物，会立即把信息传递出去，之后一群秃鹫就会过来分食。

盘旋中的秃鹫引起了金雕的警觉。育雏时期的金雕领地意识非常强，绝不允许其他鸟类在巢附近活动，即便是几只红嘴山鸦，它都要驱赶，何况是大型的秃鹫。

雕妈从后方飞过来，它要赶走眼前这只秃鹫。可是秃鹫依旧在天空翱翔，丝毫没有回避的意思。看来战争不可避免。大型猛禽之间的较量，关键在空中的卡位，也就是占据空中的优势。

秃鹫一般不捕杀活物，但它的飞行能力确实是一流的，尤其善于利用空气中的热气流。借助那对大大的翅膀，秃鹫不需要耗费多少体力，就可以在空中自由地翱翔。

雕妈飞过来后，秃鹫立即调整自己的高度，以保持在空中的优势。雕妈也不甘示弱，双方第一个回合的较量成了空中卡位战。秃鹫翅膀大，获得的空气浮力也大，在这个回合中稍稍占了优势。雕妈始终无法盘旋到秃鹫的上空展开攻击。

于是雕妈改变了策略，它开始调整自己的尾翼，充分利用自己的速度和灵活性绕到秃鹫的后面进行袭击。这招果然奏效，就速度和灵活性而言，秃鹫远远不如金雕。雕妈在后面追赶，秃鹫疲于应对，双方在空中兜圈子。战了几个回合之后，秃鹫明显不是对手，只好转身离去。雕妈也没有追赶它，依旧在自己巢的上空巡视。

巢里的金歌、金弟不停地鸣叫，好似在祝贺妈妈的胜利。

秃　鹫

秃鹫又叫秃鹰、座山雕。和其他猛禽相比，秃鹫外形最大的特点莫过于它那裸露的头部和脖子上一圈长长的羽毛。裸露的头部能方便地伸进尸体的腹腔，脖子上那一圈长长的羽毛可以防止食尸时弄脏自己的身体。秃鹫食腐的习性使它成为生态系统中的重要一环，由于它能及时清除腐烂动物的尸体，获得了“高原清道夫”的称号。

秃鹫　徐永春／摄影

小金雕的“雨伞”

3 号巢的位置比较高，巢址又远，不便于观察，我向马老师申请多在 2 号巢停留一段时间。半个多月了，我和张同虽然每天起早贪黑，但是看着金歌和金弟茁壮成长，心里有说不出的快乐。

进入 7 月，山区的天像孩子的脸说变就变，刚刚还晴空万里，突然就会下起雨来。这种时候，我和张同就披上雨衣，转移到一棵雪岭云杉下面继续观察。

和人一样，动物也怕淋雨。鸟类除少数水禽外，大多都怕羽毛沾到水，一旦雨水打湿翅膀，它们就无法飞行了。鸟宝宝的抵抗力不如成鸟那么强，一旦淋到雨，就容易感冒。不仅鸟类，多数哺乳动物也怕淋雨，潮湿会造成身体寒冷，让它们不得不想办法保持体温。

我们密切注视着巢中的金歌和金弟，如今它们的移动能力明显增强，小雨一起，它们就躲到岩壁下方去了。平日里打打闹闹的金歌和金弟，在风雨面前紧紧地贴在一起，相互取暖。3 号巢的小金雕就更幸福了，它们的巢就建在洞口，下再大的雨都不怕。

看着金歌、金弟在雨中安好，我们的心踏实了。我和张同饶有兴趣地观察周围的小动物有何避雨高招。瞧，旱獭和长尾黄鼠一见下雨便早早地躲进洞穴，它们的洞穴非常巧妙，一般选择在高地，即使下再大的雨也淹不着。附近的鸟儿们则躲进茂密的树林中。小昆虫更是有准备，蚂蚁几天前就预知有雨，早早地把家搬到高地去了。

金歌 邢睿 / 摄影

可我们高兴得似乎太早了，雨越下越大，丝毫没有停的意思。最糟糕的是，雨借风力，转变了方向。不好，巢中的小金雕有麻烦了！在风力的作用下，雨水打进了巢里，金歌和金弟蜷缩的地方也无法幸免。望远镜镜头在风雨中变得模糊起来，我们勉强可以看见巢顶上突出的岩石已经无法满足金歌、金弟遮雨的需求，它们将身体蜷缩成一团，寒冷、潮湿、恐惧不断袭来，而天空时不时滚过的阵阵雷声，将金歌、金弟微弱的叫声淹没了。

雨水一点一点打湿它们的羽毛，我们看在眼里，急在心里。这时的雕宝宝就怕挨雨淋，一旦淋湿，很容易生病。它们的爸妈去哪里了？怎么留下姐弟俩独自面对暴风雨呢？我想，此时雕爸雕妈也在找地方避雨吧？唉，就算它们回来也没用，金雕又没有雨伞，不能给雕宝宝遮雨。

事实证明我想错了！看，雕妈回来了！它冒着风雨回到了自己的巢中。看到妈妈回来，金歌站起来迎了上去，依偎在妈妈的身旁。雕妈展开翅膀，2 米多长的翼展，把金歌和金弟紧紧遮住。雨水顺着雕妈的羽毛流下，雕妈时不时抖一抖身上的雨水。不久后，雨停了，我的视线却模糊了。

太阳出来了，雕妈抖抖身上的羽毛，金歌和金弟也学着妈妈的样子，抖抖自己的羽毛。阳光照在巢中，一家三口幸福又温暖。

小金雕　邢睿 / 摄影

金雕妈妈回巢　邢睿 / 摄影

秒杀旱獭

雨过天晴，动物们纷纷走出洞穴接受阳光的沐浴，此刻也是金雕捕猎的好时机。望远镜中，我发现 2 千米开外的一群旱獭出来活动了。夏季它们是金雕最喜爱的食物，肥肥的旱獭，只要抓上一只，就够金雕母子美餐一顿了。

憨态可掬的旱獭

负责站岗的旱獭非常警觉

可别小瞧这些旱獭，它们有自己的一套御敌之策，任何天敌想抓住它们，都不是一件容易的事。旱獭是动物界的建筑大师，它们的洞分为主洞和副洞，洞穴与洞穴相连。旱獭集体活动时，总有一只站在高处放哨，预防空中的雕类和地面的狼、狐狸、雪豹。一旦发现敌情，站岗的旱獭就会发出“吱……吱”的警报声，其他哨兵会迅速把警报向周围传递，听到警报声的旱獭们就会立即躲进洞中。

我利用 12 倍的双筒望远镜注视着那群旱獭，它们有的在吃草，有的在打闹，它们敢如此放心大胆地玩耍，是因为旁边有一只旱獭在站岗放哨。咦，一只小旱獭正在慢慢远离洞穴，这可是极其危险的举动。

突然间，那只站岗的旱獭双腿站立，发出警报声。凭我的直觉，一定是出现了敌情。我抬头一看，果不其然，一只金雕正在低空飞行。是金歌、金弟的老爸或老妈（因为飞得高，我分辨不清雌雄）！金雕的视力是人眼的 8 倍，可以看清楚方圆 2 千米范围内的任何东西，这得益于金雕视网膜上众多的感光细胞。

我在望远镜里看到的情景，岂能逃过金雕的法眼？听到警报声后，周围的旱獭纷纷躲入洞中，而那只小旱獭似乎没有察觉到大难即将来临。

对于金雕而言，准确地锁定目标至关重要，否则它那高速的俯冲很容易让自己受伤。金雕发现捕捉对象了，此时它的眼睛会自动聚焦。随后，它双翅稍稍张开，用柔软而灵活的双翼和尾巴调节着飞行的方向、高度和速度。然后，它把巨大的翅膀向后折叠，以 160 ~ 240 千米的时速，以迅雷不及掩耳之势向那只小旱獭俯冲下去。最后一刹那，它张开有力的爪子，一把抓住小旱獭的头部，将利爪戳进它的头骨。金雕高速俯冲时，爪子的抓力可以达到几百千克，被抓的猎物绝无生还的希望。眼前的小旱獭转瞬就被金雕死死摁住，即刻丧命。

这只小旱獭不大，重量应该在 4 千克以下，所以金雕直接把它带回了巢中。饥寒交迫的金歌和金弟看到食物，迫不及待地冲了上去，此时它们还不能独立撕咬猎物，需要雕妈一点点地将肉撕碎，叼给它们。半小时后，孩子们吃得差不多了，雕妈才开始慢慢进食。雕妈与孩子们一起在巢中进食的温馨场景，让我和张同记忆深刻，至今犹在眼前。

小金雕和巢中的食物　邢睿／摄影

金雕斗赤狐

清晨，我和张同从休息处步行到2号巢，途中要经过山前开阔的草原。正行进间，忽见前面有一个东西在动。我举起胸前的望远镜一看，原来是一只赤狐正往山谷方向奔跑。在野外，我们见到过很多次赤狐，这种动物非常狡猾，每次碰到它，即使距离很近，它也能迅速避开。第一次看到赤狐如此快速地奔跑，肯定有情况，要么是它在追赶猎物，要么就是它被猎物追赶。

我快速地扫视了一下周围，前方1千米范围内没有赤狐的猎物，地面上也没有其他动物活动。“看，金雕！天上！”张同戳了我一下。我抬头一看，真的是金雕！它在低空飞行，伸展着巨大的翅膀，如同一架小型无人飞机。很快，金雕翅膀后缩，整个身体成为三角形，如同一支离弦的箭，直射向赤狐逃跑的方向。

赤狐　包红刚 / 摄影

赤狐拼尽全力往山谷里跑，只要再往前跑 100 米，它就可以利用复杂的地形与金雕周旋，或者找个掩体躲进去，避开金雕的袭击。对于全速奔跑的赤狐，跑过 100 米也就短短的几秒钟，可惜它已经没有机会了。

也就一眨眼的工夫，金雕已经飞到赤狐的上方，张开翅膀，打开尾翼，原先缩在翅膀下的双腿直直地伸出，如同两把标枪垂直地指向下方的赤狐。而“枪头”那金黄色的爪子早已张开，猛地插向赤狐的头部。这时金雕只要紧紧合拢双爪，赤狐必死无疑。

就在这生死一瞬间，赤狐猛地一甩头，金雕匕首一般的爪子从赤狐头部划过，一股鲜血从赤狐的头部溅了出来。金雕的爪子没有在赤狐的头部合拢，赤狐躲过一劫。随即，赤狐转过身，此时逃跑注定死路一条，它准备最后一搏。赤狐后腿蹬地，前腿半蹲，张开大口，准备扑向面前的金雕，那是它最后的机会了。

金雕一击不成，落到地面，张开宽大的翅膀，准备与赤狐陆战。霎那间，顽强的赤狐扑了过来。几乎同时，金雕猛振翅膀，双腿蹬地，爪子直奔扑来的赤狐，狠狠地抓住赤狐的血盆大口。疼痛中的赤狐用前肢死死抓住金雕的腿，双方扭打在一起，此时，松开就意味着死亡。在地上翻滚几周后，赤狐好似占据了一点儿先机，可是金雕那索命的利爪，死死地摁住赤狐的头部，一刻也没有松开。赤狐最有利的武器——嘴被金雕控制住了，而它的前肢又不足以对金雕造成致命的伤害。只要金雕设法将赤狐弄倒，赤狐就再也没有逃命的机会了。

金雕似乎是一个天生的杀手，几乎身体的每一个部位

都是为猎杀而生。它突然挥舞起强有力的翅膀，要知道金雕双翅的拍击力足以把一只大天鹅从高空拍下来。赤狐被这突如其来的力量击倒，金雕就势把赤狐摁在地上。赤狐无法动弹，金雕使出最后的撒手锏，用锋利的喙猛叨赤狐的咽喉。一击必杀，战斗就此结束。

金雕斗赤狐　崔明浩 / 摄影

金雕无法把整只赤狐搬运到巢中，它就地用喙撕开赤狐的皮毛，先进食一部分，补充消耗的体力，然后把剩下的部分抓起来，飞向峡谷，那是 2 号巢的方向。

一场惊心动魄的猎杀就此结束，看得我和张同许久没有缓过神来。我们把这个消息告诉马老师，马老师叹息道："这不是个好迹象。金雕可以捕杀的猎物非常多，但它有自己的偏好，在捕猎中会权衡。金雕通常会以最节省体力的方式，获取最大的能量补充。这就是为什么新疆地区的金雕夏季以旱獭、长尾黄鼠、野兔为食。这些小动物相对容易捕捉，金雕捕猎它们体力消耗不大。而像赤狐这种食肉动物，个头和体重比旱獭大不了多少，但是捕捉起来却非常费力，还很危险。除非食物短缺，否则金雕是不会捕捉这类动物的。如今金雕对赤狐开了杀戒，这意味着周围的食物短缺，这对巢中小金雕的成长极为不利。"

手足相残

这些天我们一直注意着巢中的金歌和金弟。根据张同的记录，金歌和金弟出壳后的一天之内，总有一只亲鸟在巢中伴随，一来为它们御寒保温；二来防备其他鸟类（主要是鸦科鸟类）偷食雕宝宝。一周后，陪伴雏鸟的亲鸟才会短时间离巢升空盘旋，伺机捕捉猎物，但不会离巢太远。

金歌和金弟　马鸣 / 摄影

雕宝宝的食量

随着小雕的成长，它们的食量也不断增加。科学家曾经测量过幼鸟离巢前的食物需求量，每日雌幼鸟最多要消耗掉691克食物，雄幼鸟为381克。无论雌雄，在第八周时食量达到最大。这个阶段，雕爸雕妈都会出去捕猎。雕妈平均每天提供食物1.4次，雕爸为1.6次。雕爸一般扔下食物就离去，而雕妈还要在巢中负责分解食物，不过这时比以前轻松多了，只要把大块猎物撕开就可以，因为雕宝宝已经具备独立撕扯猎物的能力了。

16 日龄的金弟　邢睿 / 摄影

转眼间，金弟已经过了 20 日龄，羽毛日渐丰满，脚爪也变得强硬起来，可以配合着喙抓撕食物了。这时，雕爸雕妈都要离巢觅食了，只有捕到充足的猎物后它们才会在巢中或巢旁停落。25 日龄之前的雕宝宝食量不大，只能吃掉猎物那些柔软的部位，其余大都被雕爸雕妈吃掉了。

张同向我透露了一个细节："金歌比金弟早出壳几天，每次雕妈带来食物的时候，金歌总是先冲过去，迅速把肉从妈妈嘴里叼走。旁边的金弟也想凑过去，可是金歌总是把金弟给挤开。只有金歌吃得差不多了，金弟才有机会进食。"

金歌确实比金弟的个头儿大很多，它们也时常闹矛盾，不过不会出现伤害。张同蹲守得多，他说他发现从它们出壳到 20 日龄这段时间，姐弟之间经常会小打小闹，挑衅者会用喙去叼对方的身体，攻击的部位主要在头、颈、背部，有时也会用爪子抓，甚至会扭打在一起。因为 20 日龄之前，它们的运动能力都不强，站都站不稳，没有力气大打出手，所以这些小打小闹不会彼此造成伤害。

到了金歌 28 日龄、金弟 25 日龄那天，悲剧发生了。

一连几天都不见雕爸雕妈送食物过来，巢中的金歌和金弟饿得直叫。然而，它们的叫声并没有唤来父母。此时，金歌恶狠狠地瞪着弟弟，仿佛这一切都是金弟的错。它瞪了好几秒之后，猛的一下扑了过去，用自己尖锐的喙啄弟弟，姿势就和它从雕妈嘴里叼食物一样。看到姐姐如此盛气凌人，金弟也不甘示弱，它先用翅膀支撑着身体，站立起来，然后展开翅膀反击。不过，金弟的力气明显无法和姐姐相比。金歌调整角度，瞄准金弟身体的几个部位，从不同的方向发起进攻。面对金歌的强势进攻，金弟只有防守的份儿，再后来，就是可怜地祈求姐姐放自己一马了。可是金歌并没有就此停手，它显然把金弟当成了自己的食物。几分钟后，金弟倒下了。

我们就在巢下面看着，焦急万分却又无能为力。随后，我们伤心地向马老师汇报："金弟死了！"马老师叹息一声道："太可惜了！"按理说 25 日龄的雕宝宝，翼羽、尾羽和肩羽已经可以覆盖住身体，能够抵御住同胞兄姐的攻击，不致落下致命伤。况且，此时雕爸雕妈也不再分食孩子的食物，雕宝宝几乎可以一点儿不剩地吃掉所有猎物，可偏偏金弟就没有撑过去。

在缺少食物时，生存的欲望让小金雕们选择了同胞相残的杀戮，只有强壮的小金雕才有生存的机会，这是无法逃避的大自然法则。

北山羊闯巢

2 号巢只剩下金歌了，马老师让张同继续在这里蹲守，让我立刻赶到 3 号巢去查看那里的情况。那里只有一只雕宝宝，我管它叫金强，意思是希望它能长得很强壮。

去往 3 号巢的路比较远，车只能把我送到牧民的冬窝子前，之后我就得独自徒步进山了。45 分钟后，我到达了 3 号巢的位置。可喜可贺，金强还在，它正趴在窝里，一时我还看不清它的发育情况。算起来，金强已经 30 日龄了，但看样子很瘦小。

在观察的过程中我发现，在金雕的世界里，距离不仅能够产生美，还能带来安全感。金雕无法忍受别人的位置高过它们，即使平起平坐也不行。倒不是因为摆谱，而是因为从高空向低处俯冲是猛禽捕猎的拿手好戏，这时候位置高就占有绝对的优势。因此，如果你的位置比它高，它就会非常恐惧。出于这一点，我在野外考察时总是最大限度地和金雕保持距离，尽可能对它们只是仰视，从不平起平坐，以减少对它们的干扰，也可尽量保证自己的安全。

可是，3 号巢金雕宁静的生活还是被打破了——一些不速之客闯来了。

正当我像往常一样注视着巢中金强的活动时，视野里隐隐约约出现了几个黑点。借助望远镜我发现，那是 4 只北山羊，估计是一个家庭，母亲带着孩子去下面的小溪饮水。这倒没什么，属于北山羊的正常活动，可问题是，它们出现的地方不对，这里有它们的天敌——金雕的巢。是北山羊妈妈不知道这里有金雕的巢？抑或是它们相信自己的实力完全可以对付金雕？还是……

北山羊

北山羊准备进雕巢　赵序茅／摄影

还没来得及仔细思考这些问题，眼前的一幕就让我惊呆了。北山羊不仅没有绕开金雕的巢，反而径直地逼近，靠了上去。天哪！难道是北山羊发现雕爸雕妈不在家，要直捣金雕老巢，以绝后患？一步，两步，近了，更近了！到了距离雕巢两三米（这个距离北山羊一跃可至）的时候，一只小羊停了下来，不是停止前进，而是准备跳跃。它目视前方，后腿蹬地，跳！

就在我准备见证大自然中残酷的一幕时，真正的奇迹上演了！

雕妈回来了，只见它展开翅膀悬停在空中，这是金雕比较少见的飞行姿态。金雕要干什么？难道它要猎杀北山羊？

我在望远镜镜头中清楚地看到，面对突如其来的金雕，北山羊一家无处躲藏，平日里的攀岩高手，在“空军”面前一点儿防御能力都没有。很显然，北山羊平日里都想着如何躲避雪豹的追击，对于空中的敌害明显防备不足，更没有御敌之策。

就在北山羊一家只顾着埋头往前跑的时候，雕妈突然骑到了北山羊妈妈的背上。但没等雕妈站稳，北山羊妈妈立刻使出撒手锏，它猛然回头，利用自己的角狠狠一击。但是，金雕也不愚钝，它放开北山羊妈妈的背部，抽出利爪，对准羊眼狠狠地刺去。霎那间，北山羊妈妈什么也看不见了，痛得到处乱撞。

雕妈趁势追击，再次骑到北山羊妈妈背上，发动了第二次进攻。它的利爪如同乱箭，在北山羊妈妈的背部来回抓挠。过了十几分钟，北山羊妈妈已经无法动弹，就地倒下。一场护巢之战就此结束。

“有了这只羊，金雕一家可以饱餐几天啦。”我正想着，却见一群高山兀鹫从远处飞来。高山兀鹫也是一种大型猛禽，

高山兀鹫

高山兀鹫，隼形目，鹰科，是国家二级保护动物。它身长约120厘米，体重8～12千克，是我国体形最大的一种猛禽。它是世界上飞得最高的鸟类之一（能和它比肩的还有大天鹅），能飞越世界屋脊——珠穆朗玛峰，最高飞行高度可达9千米以上。由于较少捕食活的动物，它的脚爪大多退化，只能起到支撑身体和撕裂猎物的作用。视觉和嗅觉都很敏锐，常在高空翱翔盘旋，寻找地面的动物尸体，也常通过嗅觉循着腐肉的气味而向尸体集中。高山兀鹫的嘴异常强大，可以从一些大块头动物的尸体上将肌肉一块块撕下来吃掉。由于体形较大，翅膀大而宽阔，适合长时间、远距离的翱翔，对于寻找动物尸体十分有利。

它们不会捕猎，喜欢抢其他动物的食物吃。一旦其他动物捕猎成功，它们会立即围上去，仗着自己鸟多势众，一哄而上。可怜雕妈辛苦捕杀的猎物，瞬间就被高山兀鹫瓜分完毕。

可恶的高山兀鹫，吃了金雕的猎物，雕宝宝怎么办？如今我的心中只有金强，根本装不下其他动物。

高山兀鹫　赵序茅／摄影

我观察 3 号巢这段时间，晚上就住在林场管理员乌龙别克家中。那天我刚回到住处，乌龙别克就告诉我，在小温泉边上又发现了一个雕巢。由于距离不算远，我决定去看看。

在向导莫合塔尔的带领下，我找到了这个巢。巢建在悬崖处一块突起的岩石上，直径大约 80 ~ 100 厘米。巢里铺垫着干树枝、新鲜树枝、动物骨骼、羽毛和杂草等。此时，里面卧着一只毛茸茸的鸟。尽管猛禽小时候长得都差不多，但我很肯定那是一只小雕。

草原雕 赵序茅 / 摄影

我在新发现的雕巢附近守候着，希望亲鸟现身。

不久，天空中出现了一个黑点，在山顶处盘旋。在望远镜中，此鸟全身褐色，下体具有灰色、稀疏的横斑，翅膀后缘深色。这是草原雕，刚才的巢一定是它的，因为猛禽在繁殖期领地意识非常强，如果此处不是草原雕的巢区，它不可能在此长时间地翱翔。

不仔细看，很难发现崖壁上草原雕的巢 赵序茅 / 摄影

草原雕借助上升的气流悬浮在空中，以最节省体力的方式观察着地面的情况。几分钟后，它突然在空中来了一个 90 度的大转弯。凭我的经验，它一定是发现地面的猎物了。还没等我回过神来，草原雕就俯冲了下来。借助身体的重力，它把空中的势能瞬间转化为下降的动能，同时收紧双翅以减少空气阻力，以最大的速度冲向猎物。它接近猎物的速度可达 280 千米每小时。说时迟那时快，我还没来得及看清草原雕的俯冲路线，它就已经着陆了。再看时，草原雕已经用它那强劲有力的爪子死死地把猎物摁住。直到它把猎物叼起来的时候，我才看清那是一只长尾黄鼠。

在高空中搜索，快速俯冲，是草原雕常规的捕猎方式之一。

有一次，我在雕巢附近看到一只草原雕站在地上一动不动。我用望远镜四处搜索了一番，它身边除了一个啮齿类动物的洞穴外没有其他动物，真不知道这家伙站在那里想干什么。

莫非洞穴里有文章？嗯，洞穴附近的土是刚刚翻出来的，这意味着洞里肯定有动物活动。可旁边的草原雕竟然一反常态，平日里机警万分，此时却呆若木鸡。更有意思的是，它把爪子埋在土里，有种鸿门宴上潜伏的刀斧手的感觉，难道草原雕也摆鸿门宴？谜底很快揭晓：一只黄鼠从洞里探出头来，刚才还昏昏欲睡的草原雕，突然从土中拔出锋利的爪子，一把擒住了黄鼠。

如果说草原雕用这种方式捕猎算得上有勇有谋的话，那么另一种捕猎方式就让我见识了它奸诈和无赖的一面。

那天，我正蹲守在草原雕巢下面 200 米开外的地方。奇怪的是，那只草原雕没有在空中盘旋，也没有在地面守洞待鼠，而是躲在附近的一个山头上，不知今天它葫芦里卖的是什么药。此时，我也没时间琢磨草原雕的心思，因为不远处一只大鵟已经开启了俯冲模式，很明显它是发现了猎物，进入了战

草原雕　丁鹏 / 摄影

草 原 雕

草原雕属大型猛禽，体长 65 厘米，翅膀张开足有 2 米。草原雕栖息在草原、荒漠、半荒漠和开放的森林，大多分布在海拔 700 ~ 3000 米处，在我国西藏栖息高度可达 4900 米。草原雕有多种捕猎方式，食物比较宽泛，包括小型哺乳动物、鸟类、爬行动物、昆虫等。

斗状态。我把视线汇聚了过去。果然，大鵟抓到了一只黄鼠，随后它带着猎物起飞，准备带回巢中享用。哪知刚飞到半空中，突然一个巨大的黑影现身了，是草原雕！它直冲大鵟的猎物扑去，大有“要想从此过，留下买路财”的气势。由于大鵟刚才捕猎消耗了体力，现在突然遭遇个头儿更大的草原雕，毫无还手之力，只能眼睁睁地看着到手的猎物被抢走。

草原雕分明是以大欺小，不劳而获。但这一行为，无疑是以最小的付出，获得最大回报的好方法。

大鵟

给金雕发“身份证”

观察草原雕的插曲过后，我的研究重心又回到了金雕身上。现在，1 号巢里的卡小金已经 2 个月大了，再过 10 多天就该离巢了。离巢后的小金雕会飞来飞去，给我们的观察工作增加一定难度。最关键的是，我们无法确认所发现的金雕是否为自己一直观察的那一只。

针对这个难题，国外的科学家想出了一个好办法：给金雕发“身份证”。有了“身份证”，无论它飞到哪里，都容易被识别。马老师也准备给卡小金发一个“身份证”。

鸟类的“身份证”大致分为 3 种：

第一种是环志，就是捕捉野生鸟类后，给它套上人工制作的标有唯一编码的脚环、颈环、翅环、翅旗等标志物，再放归野外，用来搜集研究鸟类的迁徙路线、繁殖、分类数据等。这种方法适合研究大规模迁徙的鸟类。但此种方法不适合小金雕。

第二种是卫星定位跟踪仪。以前，哈萨克斯坦就用过火柴盒大小的卫星定位跟踪仪，把它绑在猎隼的身上，无论猎隼飞到哪里，定位仪都能知道它的位置、飞行速度及栖息地。这种方法虽然好，但是卫星定位跟踪仪的寿命比较短，成本也高，我们也不打算采用。

第三种是微芯片，就是在鸟的体内植入一个米粒大小的电子芯片，里面储存着它的身份信息，比如出生在什么地方、年龄、性别、状态等。芯片没有生物活性，对动物的身体发育没有影响，一旦植入体内可以终身携带。我们打算给卡小金植入这种芯片。

我从阿拉套山回到乌鲁木齐，和马老师一起奔赴卡拉麦里与丁鹏会合。此时的卡小金已经 60 日龄了，长得越来越像它的爸妈，充满活力。这个时期，卡小金的饭量可大了，它的双亲都忙着捕猎，除了投喂食物外，很少回巢。而卡小金的主要任务就是练习扇翅膀，为自己日后离巢做准备。

马老师和丁鹏进了 1 号巢，我在下面把风。以前马老师研究猎隼的时候，曾经给小猎隼注射过微芯片，有着丰富的注射经验。可如今的卡小金已经不是个小雏鸟了，面对眼前的两个庞然大物，它可不肯轻易就范。你瞧它，扇动着双翅，爪子又抓又挠。马老师想了个主意，师徒俩来个简单配合，马老师在前面吸引卡小金的注意，丁鹏趁其不备从后面抓住它的翅膀。即使被抓，卡小金也没有放弃抵抗，它拼命挣扎，还用喙来啄丁鹏的手。关键时刻，马老师从包里取出一个头套戴在卡小金的头上。片刻间，卡小金就老实了。原来，猛禽主要依靠视觉活动，一旦被遮住双眼，就会变得很安静。

爬山进雕巢　丁鹏 / 摄影

62 日龄的小金雕　邢睿 / 摄影

马老师从包中取出早已准备好的注射器，先进行消毒，然后在卡小金胸部上方的皮下位置植入米粒大小的微芯片。微芯片里有 ID 编号，表明不同的身份特征，每一个编号都代表了许多重要信息，比如卡小金，62 日龄，发育良好，注射时间 2012 年 7 月 19 日，地点新疆卡拉麦里，周围是荒漠地带。这样，卡小金便有了属于自己的“身份证”。

之后，我们给附近的猎隼幼鸟也注射了微芯片。这样，无论这些猎隼长大后飞到哪里，或被海关检查，或进了当地的猎隼医院，它身上的芯片都会显示它的身份。驯养猎隼在阿拉伯国家十分盛行，拥有猎隼是富贵和威望的标志，代表着身份和地位，因此黑市交易十分猖獗。而猎隼的"身份证"，包含着猎隼的各种信息，有了它，政府执法、海关查询就方便多了。

任务顺利完成，我们回到乌鲁木齐进行短暂的休整。

意 外 失 踪

在乌鲁木齐短暂休整了 3 天，我和丁鹏返回卡拉麦里。马老师千叮咛万嘱咐：“这段时间你们一定要盯紧啦，千万不能出什么差错！”

2012 年 7 月 22 日下午 3 点，GPS 显示卡小金的巢所在的山体就在前方。山体明暗对比强烈，炙热的太阳正以融化一切的姿态俯视着戈壁，远处热浪翻腾；近处的山石熠熠生辉。汽车熄火后，寂静袭来。我们将双筒、单筒望远镜齐齐架起，可一段时间后却没有任何动静。按说卡小金的个头儿已经大到不能挤在巢内了，它会在巢周围的石壁上寻个稍微阴凉的立足之地，怎么不见它的踪影呢？

进巢查看　丁鹏 / 摄影

“不好！”丁鹏大叫一声，“上崖！”我们兵分两路，向1号巢接近。可是，我这边才拾到一个被拦腰截开的矿泉水瓶，就听丁鹏在那边喊：“鞋印！”

“糟了，1号巢的卡小金不见了！”从手机中得知我们的发现让马老师大吃一惊。幼鸟不见一般有3种情况：一是幼鸟已经离巢；二是幼鸟因自然原因死掉了；三是幼鸟被盗。3天前，卡小金还好好的，60日龄的幼鸟无论如何也不可能离巢，所以先排除了第一种情况。在食物短缺的时候，幼鸟会被饿死，可是如今卡小金这边食物充足，即便是3天不吃不喝也不会饿死，因此也不会是第二种情况。

那么，卡小金是被盗了吗？

巢中出现的鞋印和无故多出的两块石头，引起了丁鹏的注意。周围没有碎石，不会是岩壁崩塌落下来的，很明显有人来过。除了石头和鞋印外没有多余的痕

空雕巢　赵序茅 / 摄影

迹，看来盗贼是个惯犯，目标明确，手法干练，早就盯上这个巢了。

“3 天前还好好的，怎么说不见就不见了？”丁鹏接受不了这个现实，看完卡小金的巢之后，往日活泼的他一下子沉默了。伤感之余，丁鹏不禁愤怒地问：“是谁偷走了卡小金？”他发誓，一定要查个水落石出，绝不能让卡小金消失得不明不白。

但我们深知，凭我们师徒几个人的力量，是很难抓到偷盗金雕的人的。我们赶紧将小金雕被偷的事情报告给了当地管理部门，但是一直没有得到卡小金的消息。我们深深感到，只有大家不断提高环保意识，国家继续加大保护野生动物的力度，才能让野生动物安全地生活在野外。

扫一扫，看小金雕吃美食

金雕之死

从卡拉麦里回来后，张同去 2 号巢坚守，我则赶到 3 号巢去看望金强。金强出壳已经 8 周了，正是饭量最大的时候。一连几天，我发现只有一只金雕来给金强投食，从之前的观察可以确定那是雕妈。和 2 号巢不同，那里的金歌一天可以享受两餐，早晚各一次，父母轮流投喂食物。可金强呢，在我观察的 3 天里，它只吃了一顿饭，还是雕妈投的食物，不知雕爸去哪儿了。

正当我满脑子问号的时候，三夏林场管理员乌龙别克打来电话说，牧羊人莫合塔尔在附近发现了一只死去的金雕。我一脸愕然，难道会是……

3 号巢的金强　赵序茅 / 摄影

我立即赶到距离 3 号巢约 5 千米的现场，见到了死去的金雕，果然是金强的爸爸，它的一个小脚趾受过伤，留有痕迹，很好识别。怪不得一连几天只见到雕妈给金强投食，原来雕爸已经命归西天。

可是金强的爸爸是怎么死的呢？我一头雾水，据最先发现它的莫合塔尔讲，早晨他放羊的时候，听到山后有狗叫，就跑过去看，结果发现一只金雕在地面上挣扎。莫合塔尔不敢靠近，金雕那双如炬的眼睛，让他不寒而栗。一旁的牧羊犬几次想接近金雕，也被吓得退了回来。大约一小时后，金雕完全没了动静。莫合塔尔嘱咐儿子巴特守在旁边好好看护着，不许牧羊犬靠近。他赶紧给乌龙别克打电话，乌龙别克又把这个消息通知了马老师和我。

我到的时候，金雕的身体已经僵硬，堂堂猛禽之王，怎会如此？我小心翼翼地翻动金雕的身体，仔细检查，没有外伤，不是猎杀。打电话请示马老师后，我把金雕的尸体包好，带回乌鲁木齐进行检查。我一边焦急地等待检查结果，一边挂念着3号巢的金强母子，只恨分身无术。

5天后，尸检结果出来了，在金雕的胃内检验出了砒霜，这是一种剧毒物质。哪里来的砒霜？我满心疑惑。马老师却看出了门道。砒霜是当地牧民常用的一种老鼠药，投放在草原上灭鼠。中毒的黄鼠没有立即死亡，被金雕捕捉到，金雕是吃了中毒的黄鼠才被毒死的。

可怕的是，这样的毒杀会随着食物链而陷入恶性循环。啮齿类动物对草原有极大的破坏性，而金雕、草原雕、狼等猛禽猛兽可以控制啮齿类动物的数量。可随着人类对野生动物栖息地的破坏，猛禽和猛兽的数量急剧减少。天敌的减少为啮齿类动物的大量繁殖创造了条件。没办法，人们只有投放毒饵来消灭啮齿类动物，结果引发猛禽二次中毒。除了直接造成死亡外，幸存下来的猛禽由于毒素在体内聚集，会产下软蛋，无法繁殖后代。

得到金雕的化验结果后，我立即赶回3号巢。失去父亲的金强能生存下来吗？

从乌鲁木齐赶到温泉已经是下午6点，没作片刻停留，我直奔巢区，架起望远镜对准3号巢。还好，金强还在。没过多久，雕妈叼来一只长尾黄鼠，饥肠辘辘的金强立即扑过去抢夺食物。雕妈一刻也没有停留，扔下食物就飞走了。谁也没想到，这竟然是金强最后的晚餐。

黄鼠

乞食的小金雕　邢睿 / 摄影

第二天天一亮，我就赶到了3号巢。金强正站在巢外缘的岩石上，眼巴巴地向空中张望，不停地鸣叫。要知道，雕宝宝只有在受到惊吓或饥饿的时候才会鸣叫。以往，只要雕宝宝持续鸣叫，不久就会看到亲鸟回来，不是带回食物，就是在上空盘旋几圈。可是这回我整整坚守了一天，既没有看到雕妈投食，也没有看到它在附近巡视。

可能是自己去得晚走得早，没有赶上亲鸟投食？第三天，天才微亮，我就赶到了3号巢。新疆的夏季，早晨格外冷，露水弄湿了我的衣服，山谷风一吹，刺骨地冷。带来的早餐没顾得吃上一口，我便急不可耐地架起了单筒望远镜。此刻，金强还在巢中睡觉。我把视线转向空中，除了在附近活动的几只乌鸦和岩鸽，丝毫没有金强妈妈的踪影。它或许去捕猎了吧？我猜测。不一会儿，太阳出来了，金强醒了。它站起来，在巢中来回走了几趟，之后又卧下，好似没睡醒，要补个回笼觉。

我再次把视线转向空中，依旧不见金强妈妈出现。这太不正常了，以往雕妈即使不来投食，也会来巡视几趟。中午，养了一上午的精神，金强开始活跃了，站起来扇了扇翅膀，来回走了几圈，然后站在巢外缘的岩石上开始鸣叫，这是乞食的叫声。幼鸟乞食一般也就叫个十几分钟，而金强这次断断续续叫了一小时才停下来。

我取出馕就着榨菜啃了几口，只觉得心里堵得慌，一点儿食欲都没有。

金强趴下休息了不到 40 分钟，又开始了长时间鸣叫，可是直到太阳西下，它的妈妈也没有回来。

我坚持着，非要等到雕妈回来。可直到夜幕降临，它也没有出现，看来今天金强又得挨饿了。

第四天，我依旧一早起来，情况依然如此，任凭金强百般呼叫，雕妈始终没有出现。两天了，我在巢附近从早守到晚，金强一口东西也没吃过。

到了第六天，金强连叫的力气都没有了。我把这个消息报告给马老师，想人工给金强的巢中投放些食物。可是这个想法有太多的不现实，3 号巢建在悬崖洞口处，常人根本无法攀爬上去。最关键的是，我们无法确定雕妈的情况，如果贸然喂食，会干扰金强的成长。

到了第七天，我发现巢中的金强不见了。它还远没到离巢的时候，羽毛没长全，还不具备飞行能力，能去哪里呢？我还抱有一线希望，希望金强就卧在巢里。可我爬到巢对面的山上，发现雕巢空空如也。我心中有了一种不祥的预感。

从山上下来，我又到巢的下方寻找，结果发现了一些零散的羽毛，那是金雕的，不用说，金强遇害了。到底发生了什么事，已无从知晓。最可能的情况是，饥饿的金强爬到巢外寻找食物，遭遇食肉动物，被吃掉了。

离巢前的准备

3 个巢的小金雕，卡小金被盗，金弟被手足所杀，金强死于非命，让人心痛不已。马老师再也坐不住了，当即赶赴 2 号巢去查看金歌的情况。我也从 3 号巢撤下来，去 2 号巢和张同会合，我们把所有的希望都寄托在金歌身上。

转眼 70 多天过去了，金歌离巢的日子就要到了。在即将离巢的这段时间，金歌除了吃饭和睡觉，最重要的事情就是练习飞行。练飞可不是容易的事，需要一个循序渐进的过程，大致分为以下几个阶段：

第一阶段是练习扇翅膀。刚开始，小金雕一次只能扇三五下，幅度很小，往后次数不断增加，到快出巢的时候，一次就能扇 30 ~ 50 下，持续 5 ~ 10 分钟。

第二阶段是挥翅跳跃。小金雕先是张开翅膀往前跑，进而练习挥翅跳跃。从一小步开始，渐渐地增加距离，最后能从巢的一端跳到另一端，跨度 2 米左右。

第三阶段是单腿站立。这个动作和飞行没有太大的关系，却是日后小金雕必须掌握的生存技能。离巢后的小金雕，不能再像小时候那样，动不动就在巢里卧下休息了，它们要靠两腿轮换站立休息，因此必须学会单腿站立。单腿站立对于保持身体平衡和日后的捕猎，也有很大帮助。一开始，金歌只能在巢中摇摇晃晃单腿站几秒，后来时间不断加长，最后能单腿站在巢外缘十几分钟了。

再往后的练习就不分阶段了，所有的动作每天都要交替练习。练飞不仅辛苦，还很危险，一不小心掉到巢外面，后果不堪设想。

金歌在努力练习飞行的本领，雕爸雕妈也在为给孩子提供充足的食物而忙碌着。根据张同的观察，雕爸雕妈平均每天要投食很多次，食物主要是长尾黄鼠和旱獭。

按理说，只要食物充足，小金雕顺利离巢似乎不是什么问题。如果你这么认为，那就大错特错了！这期间，小金雕最危险的敌人是人类，尤其是那些搞鹰猎活动的人，他们要把小金雕抓回去训练成猎鹰。因此，我们一直不敢掉以轻心。

第二天，一切像往常一样，一大早金歌就站在巢中。太阳逐渐升高，快到10点的时候，它不停地展翅、扇翅，这是这段时间每天的例行练习，没啥特别的，只是力度、频率和持续时间都比平日有所提高。不知是枯燥重复的练习无法满足运动的刺激，还是扇翅的时候不小心用力过猛，金歌突然从巢里跳到巢外2米远的石台上。虽然只有2米，但这却是金歌第一次离开巢，看来距离它真正离巢的时刻已经不远了。

鹰猎

鹰猎，即驯养猛禽进行捕猎，此活动具有悠久的历史。早在4000年前，哈萨克族就有驯养金雕捕猎的习俗，远古文化遗存的岩画或图腾中也有先民驯鹰和狩猎活动的相关记录。随着时代的变迁，鹰猎渐渐淡出人们的生活。近年来，鹰猎文化再次得到了一些人的关注。因为猛禽无法进行人工繁殖，所以猎鹰都来自于野外，这种文化的复苏给猛禽保护带来了严重威胁。

鹰猎 崔明浩 / 摄影

激动之余，我们最感兴趣的是，金歌下一步将会做出怎样的选择，是就此离开，还是回到巢中？看来小家伙还没有做好离巢的准备，今天只是一个尝试，一小时后它又跳回巢里。中午，强烈的阳光照进雕巢，金歌再次从巢里出来，跳到背阴处的那个石台上躲避强光，直到午后才返回巢内。估计它已经尝到了离巢的甜头，在做离巢前最后的准备。

羽翼已丰满的小金雕　邢睿／摄影

智绑无线电追踪器

离巢后的小金雕如何生活，还需要继续观察。但离巢之后，金雕的活动范围会变大，观察也会变得困难。为了确保对金歌进行准确的跟踪、定位，避免类似卡小金的悲剧重演，马老师决定多投入一些资金，使用一种新的设备——无线电追踪器，简单地说，就是在小金雕腿上绑一个小型无线电发射器，我们利用手持接收器，可在 5 千米范围内接收小金雕身上的无线电发射器传来的信号。

无线电发射器很轻，只有 20 克，戴在小金雕腿上，完全不影响它的生活。可就这样，金歌也不肯接受，为了给它戴上这个发射器，我们可是煞费苦心。

此时的金歌已经 2 个多月大了，它脱掉了“婴儿服”，换上了新装，头、肩、背已经长满了棕黑色的羽毛，只有胸部和腿部还留有大片白色的绒羽。

看到有人上山，高高在上的金歌起初没有在意，只是忙着梳理自己的羽毛。当张同离巢还有 2 米远的时候，金歌感到了威胁，突然站立起来，张开翅膀准备迎敌。张同的一只脚刚踏进巢中，金歌就开始有力地伸展和扇动翅膀。看来小家伙长大了，还真不好对付呢。

无线电追踪技术

无线电追踪技术又称无线电遥测术，是在不干扰动物正常活动的前提下，利用接收无线电波的方法，在远离动物的地方，获得其所在位置及活动状况等信息的一种现代化技术手段。基本原理是通过在动物身体上固定无线电发射器，利用接收装置来接收由发射器发出的无线电信号，收集动物的各种活动信息。

怎么办？我和张同决定分工：张同继续吸引金歌的注意；我呢，绕到巢后，从金歌背后“偷袭”。金歌果然上当了，它只顾迎战张同，不曾想背后突然伸出一双大手，抓住了它的翅膀。金歌腿爪不停地蹬抓，力量虽然很大，可惜我在它身后，对我没有实质性的威胁。

就在我暗自庆幸大功即将告成时，金歌忽然来了个回马枪，抬起头，转过来猛叨我的手。我猝不及防，被它叨在手套上，明显感到了疼痛。嗯，小家伙长本事了！此刻，张同抛出了秘密武器——眼罩。效果立竿见影，戴上眼罩的金歌马上安静了下来。

张同趁机给金歌绑上带有无线电发射器的脚环，顺便给它称了称体重，3.3 千克，接近成年雕了！

雕妈的饥饿疗法

眼前的金歌各项发育指标良好，腿上的毛长全了，翅膀上的白斑也在褪去。我们明白，小家伙该飞向天空了。

金歌的练飞在有条不紊地进行着，扇翅膀，挥翅跳跃，单腿站立。我们盼了一天又一天，想看到它飞出巢的那一刻，几次看到小家伙跃跃欲试的样子，可是它始终都没有迈出关键的一步。金歌为何这么留恋自己的巢？

金歌常常站在洞口外侧的岩石上，四处张望，似乎它也很想去看看外面的世界。我们分析，与另外两只金雕的巢不同，金歌的家太舒适了，所以它没有马上离开的迫切感；另外，也可能是前期受到我们入巢的干扰，它有点儿怕。既对外面的世界感到好奇，又留恋自己舒适的家，金歌不知如何是好了。

我们师徒几个开始为金歌着急了。不过，比我们更着急的还是雕爸雕妈。接下来几天发生的事情，说明雕爸雕妈不仅着急，而且已经开始采取行动了。连续两天，雕爸雕妈都没有来喂食。是不是它们遇到了什么不测？不会，因为每天都能看到它们飞过的身影；是不是最近食物短缺，捕食困难？也不是，因为可以清楚地看到小溪边有狍子在饮水，旱獭在悠闲地晒太阳；是不是亲鸟要放弃这个孩子？更不会，因为金雕虽然有弃婴行为，但那只是在孵化期或者食物极为短缺的情况下才会发生的悲剧。

亲鸟健在，食物也充足，却对小金雕停食，看来是故意的。那么只剩下一种可能——雕爸雕妈想用这种手段迫使金歌离巢。这种情况持续了两天，任凭金歌百般

留恋雕巢的小金雕　邢睿 / 摄影

呼喊，爸妈就是不来喂食，但每天都来巡视两三次，似乎想看看自己不争气的孩子有没有离家的打算。尽管家是那么安逸舒适，但填不饱肚子也没有办法，父母是指望不上了，唯一的出路就是离开。第三天，金歌一反常态，不再拼命地叫喊，而是站在巢外的岩石上四处张望，然后大幅度地挥翅跳跃，从巢的一侧飞到另一侧。有好几次，金歌都似乎要飞出去了，可最后又退了回来。但这一次，它不是在退缩，而是在等待。

雕爸雕妈像往常一样过来巡视，不同的是落在了巢对面的山坡上。看到爸妈飞来，金歌更加活跃了，它挥动着翅膀到了巢外缘的岩石上停了下来。爸妈没有马上离开，好像在等待什么。随着气温不断升高，下午两点左右，我们期待已久的时刻终于来了。对面山坡上的雕爸雕妈突然张开了翅膀，紧接着，站在巢外缘的金歌往前伸了伸脖子，展翅，扇翅，双脚后蹬，飞了！飞了！终于飞了！它飞到了对面的山坡上，飞到了妈妈附近。就这样，金歌终于离开了温暖的家。

金雕起飞前排便以减轻身体重量　邢睿／摄影

展翅高飞　邢睿 / 摄影

扫一扫，看小金雕
扇翅练飞

小金雕终于飞离了雕巢　邢睿 / 摄影

独 立 生 存

金歌离巢后，再观察它就需要四处寻找了。马老师给我们几个简单地分了工，丁鹏负责观察空中的情况，我和张同手持无线电接收器来回走动，接收金歌传来的信号。

很快，我们就收到了从金歌身上传来的无线电信号，顺着方向，张同很快追寻金歌来到距离山顶 30 米的地方。金歌站在山顶上一直看着张同，没有什么反应。离巢后的金歌很少飞行，连翅膀都很少扇动。这段时间，金歌依然不具备独立生存的能力，还是由爸妈来喂食。雕爸雕妈除了继续照顾孩子外，更重要的任务就是教给它生存的本领。

首先是学习飞行的技巧。虽然金歌能飞离巢了，但距离真正掌握飞行技巧还差得很远。它先要学习如何利用上升气流盘旋，如何在空中调整身体以及掌控飞行速度和方向。一个月后，我们发现金歌已经会利用小范围的上升气流往返盘旋了。它的翼展达到 2 米，飞翔时以双翅为桨，尾为舵，两脚缩起，伸向尾下，身体的重心在翅膀下面，十分稳定。飞行时，腰部的白色明显可见，尾巴长而圆，两翼呈浅 V 形，翱翔时双翅自然展开，起到平衡和掌舵的作用。降落时，它会展开像制动器一样的翅膀和尾羽，在半空中减速，然后轻轻地落下。

初步掌握了这些飞行技巧后，金歌开始学习最难也是最重要的一项本领——俯冲。俯冲不仅难学，还非常危险，尤其是捕捉猎物时用到的低空俯冲，掌握不好极易撞上地面或山崖。俯冲需要利用自身重力来加速，调整身体，保持平衡。掌握这项技术后，空中飞行技术基本学完，接下来就是实战了。

雕妈给孩子上的第一堂实战课是空中投食。离巢后的金歌还不会捕猎，仍然靠爸妈来喂食。可这次雕妈没有把食物——长尾黄鼠直接扔到金歌身边，而是把它扔在附近的山坡上。那只黄鼠也只是被抓伤，并没有死，还有一定的活动能力。饥饿的金歌看到食物被扔下去后，便急切地扇着翅膀冲了过去。那只身负重伤的长尾黄鼠拼命地挣扎逃跑，只要还有一口气，它就不会失去求生的欲望。到嘴的食物

金雕捕猎成功

岂能让它溜走！金歌扇动着翅膀腾空而起，向前一跃，猛地抓住了逃跑中的黄鼠。虽然不是真正的实战，但金歌毕竟完成了自己的第一次捕猎。此后，金歌还要学习如何在高空盘旋时发现猎物，而后快速俯冲来捕食。

在金歌离巢后的 3 个月内，我们发现它的活动区域在一点儿一点儿远离自己的巢，一个月之后离巢 1 千米，两个月后离巢 3 千米。到了 3 个月的时候，我们在以前的位置来回走动，已经无法接收到金歌身上的无线电发射器发射的信号了。我们用的无线电设备，可以接收 5 千米内发射的信号，看来金歌已经转移阵地到了 5 千米以外。

我和张同手持无线电接收器，沿着雕巢向两侧搜寻，马老师和丁鹏用望远镜辅助我们。几经周折，我们终于在巢西侧 7 千米的山头接收到来自金歌的信号。

附近有一条小溪，转弯处是一片开阔的草场。突然，一只大白鹭不知为何一下子飞了起来，一副惊慌失措的样子。我以前从未见过这种情景，因为大白鹭的动作永远是那么优雅，即使起飞也是不紧不慢的。

不好，一定有情况！我立即放下相机，抓起望远镜——天哪，大白鹭的上空竟然有一只金雕！大白鹭努力振翅，拼命地往前飞，可是已经达到了体能的极限。身后的金雕穷追不舍，近了，更近了！我简直不敢直视眼前的场景。还差 50 米，金雕一个转身，从高空斜向下方，直奔大白鹭冲了过来，接着，金雕猛地一扇翅膀，翅膀狠狠地拍到大白鹭头上。这猛然一击震晕了大白鹭，它的身体开始急速下坠。金雕再次调整身姿俯

飞行中的大白鹭

金雕正在俯冲，准备捕食猎物

冲过去，还没等大白鹭落地，它就用锋利的爪子把大白鹭死死地抓住。整个过程不足 10 秒，直看得我目瞪口呆，许久没有回过神来。

如果不是接收到金歌身上的无线电发射器发出的信号，我还真不敢确定捕猎大白鹭的竟然就是金歌！看来它已经掌握了飞行和捕猎的技巧，接下来就该远走高飞，寻找自己的领地，开始新的生活了。

金歌从一枚卵到出壳、离巢，到第一次捕猎，经历了重重磨难，克服了种种困难。现在，它终于可以自由地翱翔蓝天，独自闯荡世界了！